L'ANTI-MAGNÉTISME
ANIMAL.

L'ANTI-MAGNÉTISME

Animal,

OU

COLLECTION DE MÉMOIRES, DISSERTATIONS THÉOLO-
GIQUES, PHYSICO-MÉDICALES DES PLUS SA-
VANTS THÉOLOGIENS ET MÉDECINS, SUR
LE MAGNÉTISME, LA MAGIE, LES
PRATIQUES SUPERSTITIEUSES,
ETC.

*Ouvrage utile et nécessaire, spécialement aux ecclé-
siastiques et aux médecins,*

PUBLIÉ

Par le F. Léon TISSOT,

Ermite de Saint-Augustin, fondateur des Frères Hospitaliers
de Saint-Jean-de-Dieu, des Sœurs Hospitalières de Saint-
Alban, de plusieurs autres Congrégations religieuses, et
d'un grand nombre d'Hospices d'aliénés et d'Ecoles chré-
tiennes, fondateur et supérieur des Sœurs garde-malades de
Saint-Augustin.

Prix 3 fr., et 3 fr. 60 cent. franco.

BAGNOLS,

IMPRIMERIE-TYPOGRAPHIQUE D'ALBAN BROCHE.

1844.

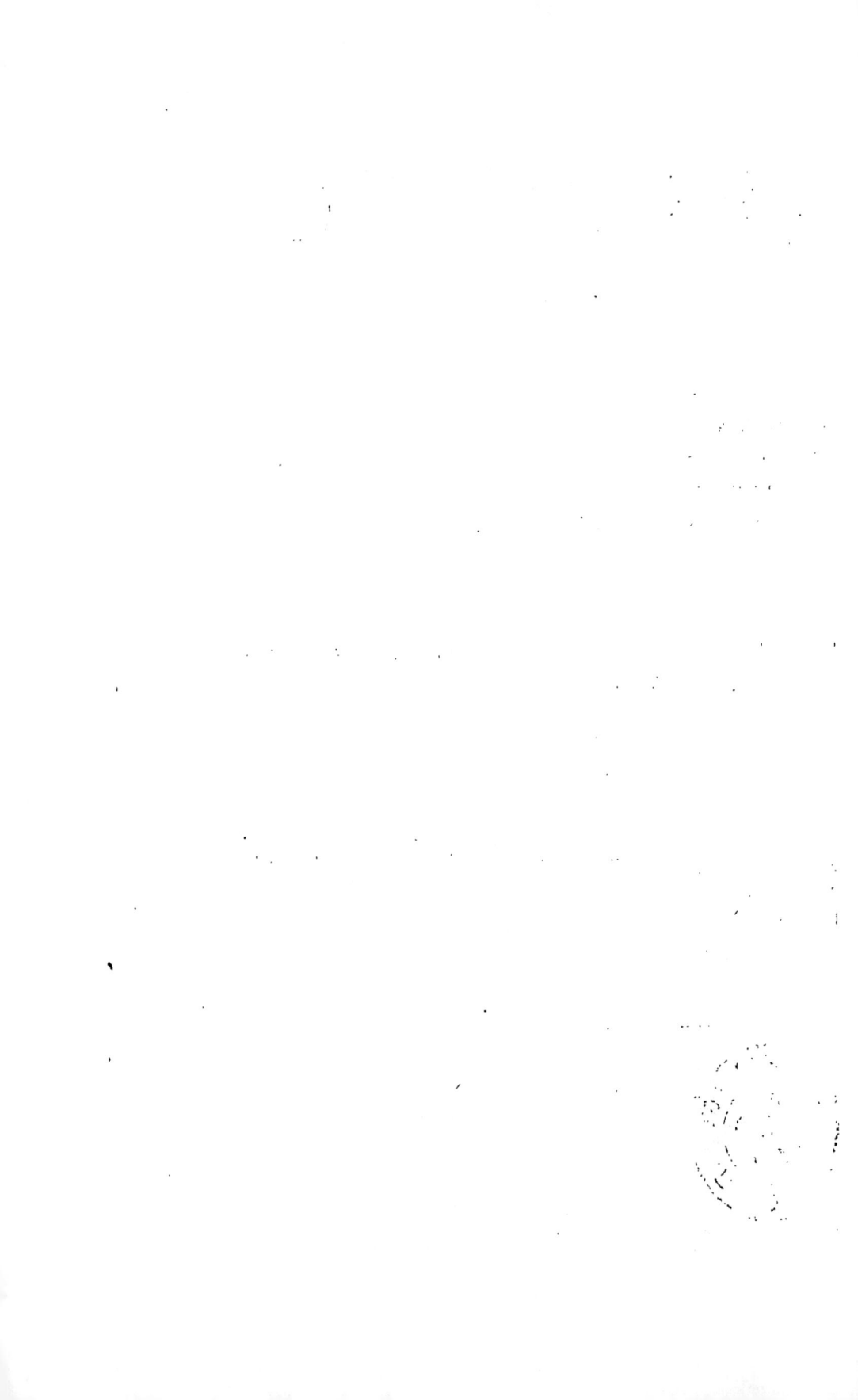

AUX LECTEURS.

La question du magnétisme animal intéresse particulièrement les théologiens et les médecins. Dans tous les diocèses de France, elle est proposée aux conférences ecclésiastiques établies par les évêques, et les médecins s'en occupent particulièrement depuis plusieurs années.

Il n'est plus possible maintenant de mettre en doute la réalité des phénomènes observés et constatés par la foule des magnétiseurs. Il ne reste donc qu'à discerner ce qui est naturel de ce qui ne l'est point; ce qui vient de Dieu et ce qui vient des mauvais Anges.

Pour arriver à ce but salutaire, nous publions une collection de traités, mémoires, dissertations, composés et publiés par les plus savans théologiens et médecins, et tous propres à éclairer la matière du magnétisme.

La foule des magnétiseurs étant composée d'athées, de déistes, de sceptiques, de libertins, de jongleurs et d'imbécilles; tous les systèmes qu'ils ont inventés, imaginés pour expliquer les phénomènes du magnétisme, sont contradictoires et dénués de fondement; ils se combattent les uns les autres, et ne peuvent s'entendre, parce qu'ils sont hors de la vérité. Cependant l'un

d'eux, le docteur Billot, a reconnu par des expériences et des faits éminemment positifs, que
les démons étaient les agens du magnétisme,
mais il a cru que les Anges gardiens y interve-
naient le plus souvent, et c'est là son erreur. Du
reste, il est vrai de dire que les magnétiseurs
sont tous dupes des esprits de malice, sans exception aucune.

Dans l'intérêt de la morale et de la religion,
nous ne doutons point que cette collection ne soit
accueillie favorablement, d'autant mieux que le
grand nombre de traités que l'on publie journellement en faveur du magnétisme en rendent
la publication nécessaire et pressante.

Ceux qui ne veulent point s'égarer dans les
voies spirituelles et dans la recherche des choses
surnaturelles, doivent savoir *où ils veulent aller,*
et si le chemin qu'ils prennent y conduit. Il faut
qu'ils partent de la maison de Dieu, qu'ils suivent
le vrai et droit chemin, sans s'égarer ni à droite ni à
gauche, car les esprits de malice sont habiles pour
les tromper et les entraîner hors la voie droite.

Les fous se fatigueront envain, dit *l'Ecriture*
sainte, parce qu'ils ne savent pas le chemin de la
ville. (Eccl. II.)

Ils se sont égarés dans la solitude, dans les lieux
stériles où il n'y avait point d'eau. Ils n'ont pu trouver
le chemin de la ville pour faire leur retraite. (Ps. II.)

ANALYSE

DU TRAITÉ

DES PURS ESPRITS,

PUBLIÉ PAR LE CHANOINE MAZZARELLI, THÉOLOGIEN DE
LA SAINTE PÉNITENCERIE, A ROME.

« Si la révélation divine et la décision de l'Eglise catholique, dit ce savaut auteur (1), n'avait procuré d'autre bien aux hommes que de mettre un frein aux ambi-
tieuses folies de leur faible raison, n'en serait-ce pas assez pour mériter à l'une et à l'autre la reconnaissance
des vrais philosophes? Qui croirait que parmi les philosophes les plus éclairés, il s'est élevé des doutes, je ne
dis pas seulement sur l'existence des purs esprits, mais
sur la possibilité de cette existence dépourvue de corps
et de toute enveloppe matérielle? Il semble que de pareils doutes annoncent plus de faiblesse et d'absurdité
que les doutes sur l'existence même de l'esprit..... Il est
néanmoins certain que plusieurs philosophes payens et
un assez grand nombre de saints Pères, élevés à leur
école, n'ont su concevoir ni les Anges, ni l'ame humaine
sans quelque enveloppe de matière éthérée et subtile,
au milieu de laquelle s'exerçassent leurs fonctions vitales

---

(1) DES PURS ESPRITS, opuscule qui se vend chez Seguin aîné,
imprimeur-libraire à Avignon, au prix de 75 centimes.

et leurs facultés..... On peut dire que cette question a été implicitement décidée par le quatrième concile œcuménique de Latran, sous Innocent III. Dans les articles qui contiennent la profession de foi du Concile, se trouve le suivant (CAP. I.) : *Nous croyons et nous confessons ouvertement que dans l'origine des temps, Dieu forma de rien les deux espèces de créatures, la spirituelle et la matérielle, c'est-à-dire les purs esprits angéliques et les créatures de ce monde, et ensuite l'espèce humaine qui participe en quelque sorte de l'esprit et de la matière.* Il suit clairement de là que les Anges sont des créatures non-seulement spirituelles, mais de plus incorporelles, puisque le Concile les distingue, et des créatures simplement corporelles, et des créatures composées et d'esprit et de corps, c'est-à-dire des hommes. Il résulte d'une conséquence aussi évidemment déduite d'un article de foi professé par un Synode œcuménique, adopté depuis par le consentement unanime des Pasteurs, des Docteurs et de toute la catholicité, que nier maintenant l'existence purement spirituelle des Anges, serait une proposition, sinon formellement hérétique, du moins téméraire, erronnée et voisine de l'hérésie. (Suarez, loc. cit. num. 10.) Voilà quel est l'avantage du tribunal infaillible de l'Eglise, dont les hérétiques et les infidèles sont privés.

« En effet, depuis cette époque, on ne pourrait citer aucun docteur catholique qui ait impunément émis une opinion contraire. Parmi les hétérodoxes et ceux qui se donnent le nom de philosophes, il y en a beaucoup qui continuent d'adopter celle des anciens Platoniciens, et de montrer ainsi la faiblesse de leur prétendue philosophie..... Porphyre et Plotin enseignaient que les ames

sont revêtues d'un corps aérien qu'elles ne quittent jamais, et ils l'appelaient l'enveloppe intérieure et spirituelle de l'ame. Philoponus imagina un troisième corps
plus subtil et plus pur, et le qualifia de corps céleste,
éthéré, éclatant. Proclus et Hieroclès appelaient ce corps
le véhicule spirituel de l'ame raisonnable..... Marchant
sur leurs traces, la troupe des philosophes modernes a
été se perdre dans un abyme de sottises et de folies, dont
devrait rougir toute personne de bon sens. »

Le savant Muzzarelli développe ici une foule d'argu-
mens contre les systèmes absurdes des philosophes. « Il
est très-conforme à la divine sagesse, ajoute ce savant
théologien, d'avoir créé et disposé les substances dans
un ordre tel que de la dernière nous puissions graduellement, et pour ainsi dire anneau par anneau, remonter,
avec notre entendement, jusqu'à l'Etre incompréhensible qui, de sa main toute puissante, soutient la chaîne
immense des substances qu'il a créées. Remarquons, en
partant des derniers rangs, les substances qui n'ont de
ressemblance avec la divinité que par *l'existence*, comme
les choses inanimées ; ou par *l'existence et la vie*,
comme les plantes ; ou par le *sentiment*, comme les animaux ; ou par *l'intelligence*, mais une intelligence très-
limitée et *dépendante des sens corporels*, comme les
hommes ; ou enfin par une *intelligence plus parfaite et
indépendante d'organes matériels*, tels que sont les Anges (*fidèles ou rebelles*) ; et de ces sublimes intelligences,
dont les unes sont supérieures aux autres, remontons
par degré jusqu'à l'Etre-Suprême, incréé, incompréhensible. (*S. Thom. op. 2. comp. theol. c. 73, 77, 78.*)
Cette gradation successive, cet enchaînement des êtres,
est si convenable, je dirai presque si proportionné à la

contemplation de notre entendement, que les philosophes modernes l'ont aussi adoptée, et même s'en sont attribué la gloire, comme une heureuse découverte de leurs profondes méditations. Pour leur accorder tout ce qu'ils peuvent raisonnablement exiger, nous conviendrons qu'il est hors de doute qu'avec le secours de l'astronomie, de la physique, de la chimie et de l'histoire naturelle, ils ont pu nous présenter un développement plus exact et plus parfait de cette sublime idée, en ce qui concerne les substances qui tombent sous les sens; mais le télescope ne pouvant rapprocher de leur vue les substances spirituelles, et ayant en horreur de ressembler à des théologiens de l'Eglise romaine, ils ont brisé par le milieu cette précieuse chaîne, et n'ont pas su, au moyen de la connaissance des substances angéliques, parvenir aux derniers anneaux supérieurs. On serait tenté de croire qu'un pur esprit nu, dépourvu de corps, ne leur inspira't que de la pitié, et qu'ils l'ont supposé muet, sourd et aveugle. Aussi ont-ils voulu habiller l'ame humaine d'une enveloppe intérieure, incorruptible et immortelle, qui lui permit, après la mort, d'assister à nos fêtes et à nos jeux, et de s'amuser à nos spectacles. Mais le Chrétien qui réfléchit trouve, dans sa religion, le principe et la fin de la grande chaîne, et reçoit volontiers des philosophes tout ce qui peut servir à lui en donner une connaissance plus parfaite. En conséquence, sans rien perdre de ce qu'enseignent la physique et l'astronomie, il se plaît, au contraire, à reconnaître dans ces sciences un rapport, je dirais presque un développement de la révélation.

« Révélation divine ! combien vous éclairez les idées du philosophe contemplatif. Entre les brutes et les esprits, je trouve un esprit intelligent, enveloppé d'un corps : c'est l'homme. Mais l'homme se décompose au moment de la mort, et l'esprit intelligent s'échappe de son corps qui bientôt se corrompt et se réduit en poussière. Être souverainement sage, le voilà donc rompu cet anneau qui unissait les brutes sensibles aux purs esprits; la chaîne se sépare en deux parties; je demeure en suspens, étonné de voir mes spéculations s'évanouir. Serait-ce donc vous qui auriez fait l'homme mortel? La nature de l'homme sera donc dissoute pour toujours? L'admirable chaîne, objet de la contemplation du sage, ne se réunira donc jamais? Ah! non, ce ne fut pas Dieu, ce ne fut pas l'Être souverainement sage qui fit l'homme mortel et qui créa cet anneau pour le mettre ensuite en poussière. Par sa toute puissance, il lui donna la trempe de l'immortalité. Ce fut l'homme lui-même qui, par sa faute, mérita que la mort vint l'assaillir et le détruire. Mais la chaîne, ouvrage des mains du Très-Haut, ne sera pas brisée pour toujours; l'esprit de l'homme reprendra son corps au jour de la résurrection universelle; l'anneau sera rétabli, il fera de nouveau partie de la chaîne pour n'en être jamais plus séparé dans les siècles éternels. Ainsi tout rentrera dans l'ordre que l'homme coupable avait dérangé Voilà donc la lumière de la révélation divine qui éclaire mes doutes et reconforte mon cœur. En ce jour, les anneaux qui ne sont formés que de matière, se détacheront-ils de la chaîne et seront-ils anéantis? J'ignore ce qu'il plaira au Tout-Puissant de faire après ce jour, mais je verrai se réformer, de ces êtres mixtes, une nouvelle chaîne et une gradation de gloire, comme on voit les étoiles briller d'un plus grand éclat les unes que les autres.

« Voilà jusqu'où me conduit la révélation. Elle cor-
rige, perfectionne et augmente les connaissances du
simple philosophe et le rassure dans ses timides spéculations. Sans le secours de la révélation et de la décision
de l'Eglise, le philosophe le plus profond ne compose
souvent qu'un tissu très-fragile, qui se déchire et se
dissipe au moindre souffle. Tel est l'ouvrage de Bonnet
de Genève, et de bien d'autres, comme nous avons vu
dans cet opuscule et ailleurs. Si c'est là ce que produisent
des philosophes du premier rang, des esprits éminens et
profonds, des hommes pleins de connaissances, au jugement de toutes les personnes lettrées, que sera ce du
commun de ces nouveaux faiseurs de philosophie, qui
affectent de mépriser les vérités que l'Eglise catholique
nous enseigne? »

ANALYSE

D'UN OUVRAGE INTITULÉ :

EXAMEN DU MAGNÉTISME ANIMAL,

PUBLIÉ

Par M. l'Abbé Frère,

CURÉ DE SAINT-SULPICE, A PARIS,

Sur l'état physique et moral du magnétisé.

PAGE 20. — « Le sommeil magnétique arrive après un temps plus ou moins long; une fois produit, le corps est immobile; les yeux sont fermés, dit le docteur Rostan (*Dict. de Méd.*), et ils sont si insensibles à la lumière chez la plupart des somnambules, qu'il est arrivé de brûler leurs cils sans qu'ils témoignassent la moindre impression. Si l'on soulève leurs paupières et qu'on avance le doigt avec précipitation, il y a immobilité complète; cependant, ainsi que dans quelques amauroses, la pupille reste quelquefois mobile. Le somnambule éprouve une certaine pesanteur sur les paupières, de telle sorte, que, selon son expression, elles sont collées sur l'œil et ne peuvent s'ouvrir. Le globe de l'œil est tourné en haut et convulsé. Il est impossible de faire mouvoir ces parties, à moins que le magnétiseur n'opère quelques actes magnétiques, qui ne tardent pas à être suivis du réveil.

« L'homme paraît avoir perdu l'usage de ses sens et de sa vie de relation, dit encore le docteur Rostan. C'est cet état qui varie suivant les individus qui mérite la plus grande attention de la part du médecin physiologiste. La vie extérieure cesse; le somnambule vit en lui, isolé complètement du monde extérieur. Cet isolement est surtout complet pour deux sens, l'ouïe et la vue. J'ai fait peu d'essai sur les autres; je crois qu'ils éprouvent des modifications variées; mais elles sont loin d'être aussi remarquables que celles de la vue et de l'ouïe. Les assistans font vainement le bruit le plus violent, les somnambules n'entendent ordinairement rien. Cette surdité est très-commune, et la personne magnétisée par M. Dupotet, à l'Hôtel-Dieu, en a donné des preuves incontestables.

« Pour se faire entendre d'un somnambule, il faut le toucher par quelque point, ordinairement par la main, et aussitôt il vous entend. Cette précaution n'est pas toujours nécessaire pour le magnétiseur, qui peut se faire entendre à une certaine distance; elle n'est pas même toujours indispensable pour les spectateurs, qui sont quelquefois entendus comme dans l'état naturel; mais elle est nécessaire dans les cas ordinaires. Il peut arriver que malgré cette communication, le magnétiseur seul puisse se faire entendre.

« Enfin, le magnétisé demeurera dans cet état aussi long-temps que le magnétiseur le voudra. »

Le docteur Foissac (*Rapports et Discussions*) paraît concentrer le magnétisme dans la seule volonté. Pour lui les *passes*, l'eau et les autres moyens extérieurs, ne sont que des choses accessoires. Voici ses propres paroles : « L'expérience, on peut même dire une sorte d'instinc, nous guide dans le choix des procédés qui ne méritent pas, du reste, l'importance qu'on y attachait autrefois. La volonté est tout; sans elle les procédés ne sont que des gestes futiles et insignifians.

« Le magnétisé est assis, immobile, plongé dans un sommeil profond; il paraît privé de l'usage de ses sens et de la vie de relation; il ne sort de cette immobilité que par la volonté du magnétiseur. La volonté du magnétiseur paraît être la cause première de la manifestation des phénomènes. Les signes extérieurs ne sont qu'accessoires.

« Les premières indices de l'action magnétique sont le clignotement des yeux, l'agitation des nerfs, la déglutition de la salive.

« Les phénomènes extraordinaires sont l'insensibilité, la clairvoyance, la prévision.

« Lorsqu'on obtient des réponses du somnambule, sa voix est altérée; il répond difficilement, il hésite. Quelquefois le magnétisé répond des choses raisonnables et d'accord avec les faits. Le plus souvent ses réponses sont erronées, fausses, fantastiques, sans liaison.... Au réveil, il ne conserve aucun souvenir de ce qu'il a dit, de ce qu'il a fait, ou de l'état dans lequel il s'est trouvé. »

PAGE 30. — Nous citerons d'abord le phénomène de l'insensibilité et de la paralysie produites par le magnétisme. Quand la personne est tombée dans l'état de sommeil somnambulique, le magnétiseur, par un simple acte de sa volonté, tout intérieur, sans aucune manifestation extérieure, paralyse un membre quelconque, et quelquefois même tout le corps, au point que les membres paralysés se comportent comme ceux qui l'ont été réellement par une maladie. Ainsi, on enfonce des épingles, on approche un charbon ardent, on pince avec violence, on fait même des détonations considérables, des incisions et des amputations de membres ; et le somnambule demeure impassible et ne donne aucun signe extérieur de sensibilité.

On peut voir ces faits cités dans tous les ouvrages qui traitent du magnétisme. En voici un extrait de celui du docteur Bertrand (*Religion constatée*, tom. 2)... « J'ai observé pendant long-temps, dit-il, une somnambule que je ne magnétisais pas moi-même, mais dont j'ai suivi le traitement avec assiduité, et sur laquelle la personne qui lui donnait des soins exerçait un pouvoir vraiment extraordinaire. Elle produisait, par exemple, à volonté, la *paralysie du bras, d'une jambe*, ou simplement *de la main*, même *du doigt ; la privait de la parole, de l'ouïe, de l'odorat*. Mais sa puissance ne se bornait pas à une action locale ; elle pouvait paralyser, pour ainsi dire, d'un seul coup, *toutes les parties du corps* de la somnambule, et la jeter dans un état *d'insensibilité* et *d'immobilité* complète et générale qui constituait *une véritable léthargie*.

Page 54. — Voici un exemple de lucidité magnétique le plus extraordinaire que l'on cite (*La Religion constatée, tom. 2*). « Mademoiselle Clarisse Le F***, d'Arcis-sur-Aube, âgée de 24 ans, dormant du sommeil somnambulique, à Paris, dans le salon de M. Chapelain, *voyait à Arcis-sur-Aube, sa mère, décrivait son occupation dans le moment, son attitude, ses pensées intimes ; précisait, en entrant dans les plus petits détails, le moindre changement que sa mère y apportait.* Son père, M. Chapelain et moi, nous prenions note de ce qu'elle prétendait voir ; et des lettres d'Arcis-sur-

Aube, écrites par Mme Le F*** à son mari, lui racontaient ce qu'il savait déjà par sa fille. Ces lettres étaient écrites par la mère ordinairement *un instant après que les choses venaient de se passer pour elle, et justement à cause de cela.* Elles arrivaient d'ailleurs à Paris avant que Mme Le F*** eût pu être instruite, à Arcis-sur-Aube, de ce que sa fille avait dit dans la capitale. Toutes les précautions ont été prises pour reconnaître la vérité sur ces vues dans l'espace ; les recherches étaient faciles entre une famille remplie de probité et d'intelligence et des médecins consciencieux. Toujours la lucidité de Mlle Clarisse a été justifiée par l'événement. A son réveil elle ne se souvient absolument de rien. »

———

Action du Démon sur l'Homme.

L'action du démon sur l'homme n'est pas moins réelle que son existence, dit M. l'abbé Frère (page 89). Quant à la manière dont il l'exerce, elle est du genre de celle que nous connaissons être propre *à l'ame sur le corps.* Ces esprits de ténèbres exercent leur puissance sur les corps, et particulièrement sur le corps de l'homme, soit en remuant ses nerfs, ses humeurs, ou les membres du corps, soit en agitant l'air qui l'environne, et par ce moyen ils suggèrent des pensées, font naître des imaginations qui peuvent solliciter les déterminations de la volonté.

Lorsque le démon agit dans l'homme, on désigne cette action intérieure par le mot *possession.* Si le démon agit seulement au-dehors en remuant la masse ou les membres du corps, on l'appelle *obsession.* On donne aux possédés le nom d'énergumènes, c'est-à-dire *agités au-dedans.*

Le Rituel de Paris avertit l'exorciste que les phénomènes qu'il apercevra dans les possédés sont inconstans ; qu'on obtient difficilement les réponses des possédés ; qu'ils ne font la plupart du temps que des réponses trompeuses ; que pendant l'exorcisme le démon fait tomber le possédé *dans un profond sommeil.*

Saint Augustin a reconnu aussi que les démons peuvent assoupir les sens de l'homme, d'un assoupissement bien plus profond que celui du sommeil. (*De civit. Dei, lib.* 18, *cap.* 18).

Tertullien nous explique aussi par l'action du démon, le phénomène, prodigieux en effet, que les magnétiseurs appellent *la vue à distance.*

Tout esprit a plus de vitesse qu'un oiseau, dit-il ; c'est pourquoi les Anges et les Démons se transportent partout en un moment. Toute la terre n'est pour eux qu'un seul et même lieu. Il leur est aussi facile de savoir ce qui se passe quelque part que de le publier. Leur vélocité, qui est le propre d'une nature qu'on ne connaît pas, les fait aisément passer pour dieux. Ils veulent paraître les auteurs de ce qu'ils annoncent.

Un des plus grands bienfaits que les magnétiseurs attribuent au magnétisme, est la guérison des maladies. Voici encore Tertullien, dit M. l'abbé Frère, qui révèle la principale cause de ce traitement miraculeux.

« Vous avez bien raison de vanter leur bienfaisance en guérissant les maladies. *Ils commencent par les donner,* dit Tertullien ; ils ordonnent ensuite des *remèdes inouis* ou *contraires à la maladie, et l'on croit qu'ils ont guéri le mal lorsqu'ils ont cessé d'en faire.* »

Nous terminerons par un paragraphe du Mandement de Mgr l'Evêque de Moulins, pour le Jubilé de 1836.

« Nous nous éléverons, dit cet évêque, contre ces ténébreuses inventions, ces mystérieuses découvertes de prétendus savants modernes, adeptes du matérialisme et corrupteurs de la morale, si bien accueillies à l'époque de notre malheureuse révolution, et dont on cherche à renouveler le scandale. Nous signalerons particulièrement cette science funeste du magnétisme animal, dont la seule dénomination caractérise si bien l'immoralité de ceux qui la professent, la pratiquent et s'efforcent de la propager ; science pertubatrice, dont l'effet est de mettre le désordre dans toutes les facultés physiques et morales des hommes. »

« Mais nous ajouterons, dit M. l'abbé Frère, que l'effet le plus funeste, c'est de porter les hommes à mettre leur confiance dans les créatures et à les éloigner de Dieu, à les abuser par des mensonges et à les détourner de la vérité. »

En effet, les magnétiseurs proclament hautement que les faits miraculeux et prophétiques, dont la divinité est l'unique cause, ne sont que des phénomènes magnétiques, c'est-à-dire des effets produits par un agent créé.

Rien n'est sacré pour eux : ils vont encore confondre Dieu avec le démon, et le démon avec leur prétendu agent magnétique, une force aveugle et matérielle. Ainsi pour eux il n'existe plus d'esprit incréé et créé, bon ou mauvais. Tout ce qui apparait intellectuel ou de moral, d'ordinaire ou de miraculeux, de vrai ou de faux, c'est l'agent magnétique qui le produit : c'est lui qui a inspiré les prophètes ; c'est lui qui a opéré les miracles du Sauveur et des Apôtres, comme c'est lui qui a parlé par les

2.

oracles, qui a agi par les magiciens, qui a fait des extravagances par les possédés, et qui produit de nos jours les effets magnétiques. Quelles erreurs ! quelle confusion ! quelle impiété !

Nous voyons dans les mêmes magnétiseurs les abus dans lesquels on peut tomber lorsqu'on n'est pas éclairé par la foi. Nous voyons dans les phénomènes magnétiques, l'ancien artifice du démon pour détourner les hommes du culte du vrai dieu. Enfin, nous apprécions par là même la nécessité où sont les dépositaires de la science divine et de l'autorité de Jésus-Christ, d'instruire assiduement les peuples dont ils sont chargés, afin de dissiper l'erreur et de les préserver d'être abusés par la vaine science des hommes. Et de même que la verge d'Aaron changée en serpent dévora les verges des magiciens changées aussi en serpens ; de même que dans le passé la vérité de Moïse dévora le mensonge des Egyptiens, et que dans l'avenir la vérité de Jésus-Christ détruira l'erreur de l'Ante-Christ ; de même aussi dans le temps présent la vérité de la doctrine catholique dissipera les songes du magnétisme animal.

C'est ainsi que s'exprime sur le magnétisme animal M. l'abbé Frère, curé de Saint-Sulpice, à Paris, dans l'ouvrage qu'il a publié.

NOTICE

SUR

LA VIE DU P. GASSNER

ET SUR SES GUÉRISONS.

COMPOSÉE ET PUBLIÉE PAR DE HAEN, MÉDECIN
DE L'IMPÉRATRICE, REINE DE HONGRIE.

Le P. Jean-Joseph Gassner naquit en 1727, à Braz, près Bludentz, dans le cercle de Souabe. Il fit ses études dans les université de Prague et d'Ottingen. Il reçut les ordres sacrés en 1750, et fut nommé à la cure de Closterle, diocèse de Coire, en 1758. Le P. Gassner nous apprend lui-même que depuis l'année 1752, il jouissait d'une si mauvaise santé, qu'il craignait de tomber en atrophie on en apoplexie ; qu'il eut recours aux médecin d'Ottingen, fit beaucoup de remèdes sans succès, parcourut les livres de médecine dans l'espérance d'y trouver quelque remède, mais envain, et qu'il finit par être persuadé que sa maladie tenait à quelque chose de surnaturel ; enfin qu'il était obsédé. Dans cette idée, il commanda au diable, au nom de Notre-Seigneur Jésus-Christ, de sortir de son corps : ce qui arriva, en effet, comme il l'atteste. Il se trouva guéri au point que, pendant seize ans, il n'eut besoin d'aucun remède.

Sa guérison le mit dans le cas de s'entretenir sur l'exorcisme avec plusieurs savans théologiens, et de consulter les livres qui en traitent ; et il resta convaincu *qu'il y a un grand nombre de maladies suscitées par l'esprit malin*. C'est pourquoi, après quelques essais sur les malades de sa paroisse, il fit tant de cures, que le bruit s'en répandit dans toute la Suisse, le Tyrol et la Souabe. L'affluence des malades était si grande, que dans les derniers temps de son séjour à Closterle, il s'y rendait quatre ou cinq cents malades par an. Ayant ensuite quitté cette cure et parcouru différents lieux, après un long séjour à Elwangen, le P. Gassner finit par se fixer à Ratisbonne, sous la protection du Prince-Évêque de cette ville. Le concours des malades était si grand, qu'on prétend y en avoir vu dix mille campés sous des tentes.

Cependant ses guérisons miraculeuses, admirées des uns, contestées par d'autres, le P. Gassner et ses partisans les soutenant par des écrits, d'autres les niant, on prit le parti de tenir un registre exact de ses cures ou de ses faits, à l'évêché de Ratisbonne ; et c'est l'extrait de ce protocole qui me fut communiqué, joint à ce que dit le P. Gassner, qui forme le précis qu'il en a donné et que nous suivons.

D'abord le P. Gassner se dit exorciste, c'est-à-dire doué de la puissance qu'il tient de l'Eglise ainsi que tous les ecclésiastiques de l'ordre mineur, de guérir, non les maladies naturelles, mais celles causées par le démon. Voilà pourquoi il divise les maladies en deux classes, en celles qui sont naturelles et en celles qui sont surnaturelles ou causées par les démons. Il prétend que ces dernières sont très-nombreuses, et se moque des médecins, qui depuis leur père Hippocrate, dit-il, jusqu'à nos jours, ont donné la pathologie naturelle des maladies. Voilà pourquoi, selon le P. Gassner, ils en guérissent si peu et que lui en guérit tant. Il avoue cependant qu'il y en a beaucoup de *mixtes* qui sont produites en partie par la nature et en partie par Satan ; et que dans celles-ci les médecins guérissent ce qui est de leur ressort et lui ce qui est du sien. Il assure avoir guéri un très-grand nombre de démoniaques, et d'autres seulement obsédés, *circumcessi* (1). De là vient qu'avant d'exorciser curativement, le P. Gassner commence toujours par un exorcisme, qu'il nomme probatoire ou d'essai (exorcismus probatorius), pour s'assurer si la maladie est *mixte, naturelle* ou *l'œuvre du démon*. Il avoue cependant que l'exorcisme probatoire n'est pas toujours sûr, et au point qu'on ne puisse y être trompé ; que cela forme quelquefois un grand obstacle à la guérison, et qu'il lui arrive souvent pour cette seule raison de ne pas guérir ces sortes de malades, quoiqu'ils aient la foi.

La foi est la condition essentielle pour la guérison des malades. Lorsqu'elle est forte de la part de l'exorciste et du malade, la cure a toujours lieu et au seul nom de Jésus-Christ. Si la foi manque dans le malade, la cure ne peut pas s'opérer.

Au moyen de cette foi, le P. Gassner ordonne à Satan de montrer la maladie, même avec beaucoup de véhémence. Il le force, non-seulement de manifester ainsi le mal, mais même, suivant sa volonté, de produire sur le même sujet une *attaque dansante* ou *sautante* (*insultus, saltatorius*), ou *riante* et *éclats désordonnés*, ou *larmoyante* et *sanglotante*, ou *mourante*, c'est-à-dire celle où il n'y a aucun signe de vie, et qui ne cesse

---

(1) C'est ainsi qu'il appelle ceux qui sont affectés de rhumatismes, de la migraine, de la goutte, de la fièvre, de paralysie, de coliques spasmodiques, etc.

que lorsque le P. Gassner ordonne à Satan de finir. Bien plus, ce Taumaturge a tant d'empire sur le démon, qu'il renouvelle ces scènes tant qu'il veut, et qu'il le force de répondre, mais de manière que s'il ment, ce qui lui arrive souvent étant père du mensonge, le P. Gassner le confond publiquement et le tourmente, jusqu'à ce qu'il ait confessé la vérité.

Il est aussi en son pouvoir de faire varier leur pouls à volonté, de façon que les médecins présens, le pouls devient petit, grand, fort, faible, lent, accéléré, rémittent, intermittent pour un temps donné; enfin, tel que les médecins le demandent.

Il guérit rarement les malades au premier exorcisme: il lui faut plusieurs heures et quelquefois plusieurs jours.

Il est pour l'ordinaire assis, ayant une fenêtre à gauche, un crucifix à droite, le visage tourné vers les malades et les assistans ; il porte une étole rouge à son cou, ainsi qu'une chaîne à laquelle pend une croix, dans laquelle il dit qu'il y a un morceau de la vraie croix ; il a une ceinture noire : tel est son costume ordinaire. Il reste ainsi orné quelquefois toute la journée dans sa chambre. Il fait mettre le malade à genoux devant lui. Il lui demande d'abord de quel pays il est, et quelle est sa maladie. Il l'exhorte ensuite à la foi en Jésus-Christ, et ordonne à la maladie de se montrer.

Si après qu'il l'a ordonné le démon suscite bientôt la maladie complètement ou en partie, le P. Gassner l'attribue à une foi sincère. Mais si le démon n'obéit pas, ou obéit plus tard ou trop mollement, c'est une preuve que la foi manque ou que le malade est atteint d'une maladie naturelle.

C'est ainsi que ce Prêtre a opéré des guérisons miraculeuses ; mais comme les choses les plus croyables et les mieux prouvées (telles que celles-ci) ont toujours quelques détracteurs, le P. Gassner n'en manqua pas.

Parmi les cures que l'exorciste Gassner a faites, il n'y en a pas sans doute de plus remarquable que celle d'Emilie : elle est rapportée avec détail dans un écrit qui a paru à Schillingsfurt en 1775 (1), et se trouve attesté par plusieurs témoins oculaires qui ont signé. En voici le contenu :

HISTOIRE

DE LA GUÉRISON AUTHENTIQUE ET MIRACULEUSE D'ÉMILIE B***, EXORCISÉE PAR LE P. GASSNER.

Emilie B***, âgée de dix-neuf ans, était tourmentée depuis deux ans et demi de convulsions de telle force, que leurs accès duraient souvent six heures entières, et qu'elles se répétaient en d'autres temps plus de huit fois dans la journée. Vingt-six mois écoulés, son père l'envoya à Strasbourg, et la laissa entre les mains d'un docteur en médecine, qui lui administra une certaine poudre, et fit usage du ... de garou, autrement dit le saint bois, qu'il lui appliqua sur les deux bras, moyen-

---

(1) Cet écrit a pour titre : Procès-verbal des opérations merveilleuses, suivies de guérisons, qui se sont faites en vertu du nom sacré de Jésus, par le minisétre du P. Gassner, prêtre séculier, et conseiller ecclésiastique de S. A. le prince-évêque de Ratisbonne et d'Ellwangen. A Schillingsfurt, chez Germain-Daniel Lobejots, imprimeur de la cour de S. A. S. Monseigneur le Prince régnant de Hollenlokf et de waldembourg. 1775.

nant quoi, les accès disparurent pendant seize mois ; et
elle se porta assez bien, à la réserve de fréquens maux
de tête et d'estomac, de quelques douleurs aux pieds et
de l'abattement dans l'esprit, dont elle était inquiète.
C'est ainsi qu'elle-même, son père, homme d'honneur,
et d'autres personnes qui l'ont suivie, le certifient (1).

Elle se mit en marche pour Ellwangen, éloigné de
cinquante lieues de son domicile. Durant tout le voyage,
elle était saine et gaie ; et après son arrivée, elle vit pendant deux journées entières, sans laisser paraître aucune
émotion, les exorcismes du P. Gassner, qui lui était
alors parfaitement inconnu. A la fin, il lui prit envie de
lui parler, et eut avec lui une entrevue, le 21 avril 1775,
à trois heures après midi, en présence de quatre personnes, compagnons du voyage. Elle lui raconta tout ce
qu'on vient de rapporter, observant que le médecin de
Strasbourg l'avait guérie. Le P. Gassner protesta contre
cette guérison prétendue, soutenant que la maladie sub-
sistait encore en elle, quoique cachée (2), et qu'il la fe-
rait paraître incessamment au moyen de ses exorcismes.
Là-dessus, après lui avoir fait un discours sur la con-

---

(1) Son père était officier de maison ; et les personnes qui la
suivirent et qui s'intéressaient à sa guérison, ne la quittèrent
pas de vue pendant les exorcismes.

(2) C'est ainsi qu'il arrive souvent que les démons trompent
les médecins. Ils cessent d'opérer ensuite de quelques remèdes
qu'un médecin aura administré à certain malade, et l'on
croit, et l'on dit après que le médecin l'a guéri, tandis que
la prétendue guérison n'est, dans le vrai, qu'une duperie du
démon, qui ne manque pas de reproduire la maladie après
un plus ou moins long espace de temps, sous la même ou une
autre forme.

fiance qu'elle devait mettre au saint nom de Jésus, il commença son exorcisme en langue allemande; il ordonna à la maladie de se montrer au bras droit, au bras gauche, au pied droit, au pied gauche, dans tout le corps; et tout arriva comme il l'avait ordonné. Le P. Gassner lui ordonna là-dessus de pousser des cris, de tourner les yeux, d'être atteinte du plus haut paroxisme de la maladie. La malade se tortilla durant une minute, si fortement, qu'un homme aurait pu passer sous l'arc que formait son dos; elle leva les mains vers les personnes qui étaient le plus près d'elle, et saisit l'habit de S. E. M. le baron de Trockau. Il ne put se débarrasser d'elle que quand le P. Gassner lui adressa le mot *cesset*. Tous ces exorcismes se firent comme il était ordonné, sans qu'elle en ressentît de douleurs. A la fin, il ordonna que la malade s'appaisât : elle se leva, sourit et assura être entièrement soulagée. Le P. Gassner souhaita que la guérison se fît publiquement; et comme elle ne voulut pas s'y soumettre, après quelques remontrances, elle se rendit, et l'on convint de choisir, pour cet effet, une société de vingt personnes. On prit pour assister aux opérations, vers les huit heures du soir, M. Bollinger, chirurgien du pays, et deux médecins demeurant à Ellwangen. Sur ces entrefaites, le P. Gassner s'absenta, et continua dans la chambre voisine ses autres exorcismes, sans dire un mot à Emilie, qui ne quitta pas un moment les personnes qui ont signé le présent procès-verbal.

A huit heures, les personnes choisies se réunirent avec le chirurgien, M. Bollinger, qui venait de la part de M. le baron de Kuveringen, commissaire du prince d'Ellwangen, les deux médecins n'ayant pu y assister à

cause de leurs occupations. Le P. Gassner fit un discours où il recommanda à Emilie d'avoir confiance en
Jésus-Christ, et exalta la puissance de Dieu sur le diable ; ajoutant que cette puissance divine serait la seule
cause de sa guérison future. Il demanda à Emilie si elle
souhaitait passer par les épreuves *sans ressentir de douleurs*, ou *en en ressentant*. Elle demanda que le commencement se fît avec douleur et la continuation sans
douleur. Le P. Gassner la fit asseoir sur une chaise vis-
à-vis de lui. Elle raconta tranquillement, en témoignant
sa confiance en Dieu, l'état de sa maladie, particulièrement la cure qu'elle avait subie à Strasbourg. Le P.
Gassner pria le chirurgien de lui tater le pouls. Le chirurgien le trouva comme dans l'état de santé, et sans
que les personnes présentes eussent demandé au P. Gas-
ner de faire ses exorcismes en latin. Il choisit cette langue inconnue à Emilie, et lui adressa les paroles suivantes : *Præcipio tibi, in nomine Jesu, ut minister
Christi et Ecclesiæ, veniat agitatio brachiorum quam
antecedenter habuisti.* Elle commença à trembler des
mains. Le P. Gassner continua : *Agitentur brachia et
manus tali paroxismo qualem antecedenter habuisti.*
Emilie retomba vers la chaise et toute défaillante ; elle
tendit les deux bras. Le P. Gassner dit : *Cesset paroxismus.* Soudain elle se leva de la chaise et parut saine
et de bonne humeur. Le P. Gassner ordonna : *Paroxismus veniat iterum vehementius, ut ante fuit et quidem
per totum corpus.* L'accès commença : le chirurgien lui
tata le pouls, et le trouva accéléré et intermittent. Les
pieds se levèrent jusqu'à la hauteur de la table ; les
doigts et les bras se roidirent ; tous les muscles et ten-
dons se retirèrent, de façon que deux hommes forts se

trouvèrent hors d'état de pouvoir lui plier les bras, disant qu'il était plus facile de les rompre que de les plier. Les yeux étaient ouverts mais contournés, et la tête si lourde qu'on ne pouvait pas la remuer sans remuer tout le corps. Aux mots : *Cesset paroxismus in momento*, Émilie reprit sa santé, sa bonne humeur, et répondit à la demande comment elle se trouvait? *Les autres pleurent, je ne pleure point;* et à celle : si elle avait souffert beaucoup de douleurs? elle répondit qu'au commencement elle en avait éprouvé, mais qu'ensuite elles avaient cessé; ce qui se trouvait conforme au commandement du P. Gassner. Sur cela le P. Gassner commença de nouveau : *Veniat morbus sine dolore cum summa agitatione per totum corpus;* — à la prononciation du mot *corpus* la maladie recommença : les pieds, les bras, le cou tout devint roide. Le P. Gassner dit alors *cesset.* — Émilie se rétablit et convint n'avoir ressenti aucune douleur. Le P. Gassner continua : *Veniat paroxismus cum doloribus, in nomine Jesus, moveatur totum corpus;* — Le corps retomba et redevint roide. Sur les paroles : *tollantur pedes*, elle poussa si fortement contre la table, qu'elle renversa une image de laiton de la hauteur d'un demi-pied qui était dessus; et sur les mots *redeat ad se*, elle reprit sa santé en confessant avoir ressenti les plus vives douleurs dans l'estomac, le bras et le pied gauche. Le chirurgien qui lui avait taté le pouls pendant l'accès, le trouva accéléré et intermittent. Le P. Gassner ordonna : *Veniat maximus tremor, in totum corpus, sine doloribus.* — Les yeux se fermèrent, la tête retomba en s'agitant fortement. Le P. Gassner dit ensuite, *veniat ad brachia.* — Les bras tremblèrent. Ensuite *ad pedes veniat.* — Les pieds s'en

ressentirent. Puis, *tremat ista creatura in toto corpore :*
ce qui se fit. Le P. Gassner continua en disant : *habeat
angustias circa cor.* — Émilie leva les épaules et tendit
les bras, tourna les yeux à faire peur, tordit la bouche
et le cou était tout enflé. Sur ces paroles : *redeat ad
statum priorem*, tous les symptômes disparurent. Le
P. Gassner dit : *paroxismus sit in ore, in oculis, in
fronte ;* — elle retomba à la renverse sur la chaise : les
convulsions s'emparèrent de la bouche, les mouvements
des yeux firent peur, elle fut rétablie parfaitement.
Le P. Gassner dit de nouveau, *adsit paroxismus mo-
rientis ;* — elle retomba sur la chaise en fermant les
yeux. Le P. Gassner dit ensuite, *aperti sint occuli et
fixi;* — les yeux s'ouvrirent et restèrent fixes. Le P.
Gassner continua, *paroxismus afficiat nares ;* — Le
nez se remua, se retroussa, et les narines se tour-
nèrent de côté et d'autre, la bouche se courba et
resta ouverte pendant quelque temps. Le P. Gassner
dit encore . *sit quasi mortua ;* — le visage eut la
pâleur des morts, la bouche s'ouvrit prodigieusement,
le nez s'alongea, les yeux furent contournés et éteints.
On entendit un râlement. La tête et le cou devinrent
si roides que les hommes les plus forts ne pouvaient
les séparer de la chaise sur laquelle elle était inclinée.
Le pouls qui se trouvait auparavant accéléré, battit
lentement, et à la fin le chirurgien le sentit à peine.
Le P. Gassner dit alors, *modo iterum redeat ad se,
ad statum sanum* ; — soudain elle reprit ses sens et
commença à rire. Le P. Gassner dit : *pulsus ad sit
ordinarius, sit modo lenis, sit intermittens.* Tout se
trouva conforme à ce qu'il voulut.

M. Huberthi, professeur de mathématiques, souhaita

que le pouls fut intermittent à la seconde pulsation ;
après il souhaita qu'il le fut à la troisième ; ensuite qu'il
fît des sauts, *sit caprisans* ; — le chirurgien le trouva
tel après que le P. Gassner l'avait ordonné A la fin
M. Huberthi demanda au P. Gassner de faire enfler le
musculus *masseter* ; — le P. Gassner qui ne comprit pas
ce mot le prononça messater. A la fin on lui fit répéter
bien *infletur musculus masseter*. M. Bollinger sentit un
gonflement du côté gauche, le professeur ne sentit rien
de pareil du côté droit. On lui fit observer que le mot
était prononcé au singulier et ne pouvait regarder qu'un
seul muscle ; le P. Gassner répéta : *inflentur musculi
masseteres* ; alors on vit les mouvements des deux côtés.
Le professeur examina si cet effet ne provenait pas
d'un souffle forcé ; mais il s'aperçut que cette cause
n'existait pas, et trouva les muscles beaucoup plus
durs qu'on n'aurait pu les endurcir par le souffle. Le
P. Gassner ordonna en langue allemande que le bras
droit fut immobile : Il dit à Émilie de lever le bras ;
mais elle ne pût pas le remuer ; et comme on fit l'objec-
tion au P. Gassner, qu'Émilie n'ayant pas l'usage de
ses sens ne l'avait pas compris, il lui ordonna : *ut
habeat usum rationis*, mais elle ne pouvait pas plus
remuer le bras qu'auparavant quoiqu'elle se donna beaucoup de peine pour cet effet.

Le P. Gassner ordonna que l'apoplexie la saisit de
tout le côté gauche et de la langue : elle tomba en
arrière la bouche ouverte et la langue immobile. Il
ordonna que l'apoplexie s'empara de tout le corps, aux
yeux, à la tête, aux bras et aux pieds. Après l'avoir
fait revenir, il lui dit : *irascatur mihi, etiam verbe-
rando me :* = elle tendit le bras vers lui toute en colère

3.

et le poussa fortement. Le P. Gassner lui dit : *sit irrata omnibus proesentibus* : elle parut irritée contre tous ceux qui étaient présens. Le P. Gassner continua en disant : *surgat de sella et aufugiat*. Après une petite pause, elle se leva de la chaise et alla vers la porte, puis s'en éloigna. Le P. Gassner dans l'éloignement de treize pieds et demi, lui dit : *fugiat per januam* ; — elle reprit le chemin de la porte et mit la main sur la serrure pour l'ouvrir. Le P. Gassner cria : *redeat* ; elle retourna et voulut se mettre sur une autre chaise que celle où elle avait été auparavant. Sur quoi le P. Gassner lui dit : *redeat ad sellam priorem ubi ante fuit, et sedeat* ; elle se remit sur la première chaise. Quelques personnes présentes lui demandèrent comment elle se trouvait ? Elle ne leur répondit rien jusqu'à ce que le P. Gassner lui dit : *redeat ad se, et habeat usum rationis :* — elle leur répondit alors, et témoignait ignorer si elle s'était levée de sa chaise. Le P. Gassner recommença : *habeat paroxismum cum clamore, proecipio in nomine Jesu, sed sine dolore ;* elle soupira, remua la tête et poussa quelques gémissemens. Le P. Gassner lui dit encore : *clamor sit fortis.* Le gémissement fut plus fort et le corps trembla. Le P. Gassner continua, *habeat paroxismum gemens ;* — elle soupira et parut triste. Le P. Gassner : *habeat dolores in ventre et stomacho ;* — elle parut toute faible, les bras lui tombèrent : elle mit la main droite sur son estomac, soupira, gémit et poussa des rots. Le P. Gassner ordonna : *dolores veniant in caput ;* — elle porta la main au front et le pressa. Le P. Gassner ordonna : *habeat dolores in illo pede in quo anteâ ;* — elle se retourna de côté et d'autre, parut ressentir des douleurs, remua le pied

gauche et soupira. Le P. Gassner lui dit : *sit melancholica, tristissima, fleat* ; elle sanglota ; les pleurs
tombèrent de ses deux yeux. Un assistant priant le
P. Gassner en latin de la faire rire, il dit : *mox rideat* ;
elle rit tout de suite, et continua de rire de façon que
les personnes les plus éloignées pouvaient l'entendre.
Le P. Gassner dit encore : *cessent dolores omnes et sit
in optimo statu sanitatis* ; elle revint et sourit. Le P.
Gassner reprit : *omnis lassitudo discedat ex toto corpore , sit omnis omnino sana* ; — elle se leva et fut
de fort bonne humeur.

Sur cela le P. Gassner lui recommanda d'avoir la
confiance nécessaire , moyennant laquelle , elle serait
en état de se guérir elle-même. Il ordonna à l'accès de
saisir le bras droit ; elle trembla de ce bras ; et étant
exhortée à se guérir elle-même le tremblement cessa.
Le P. Gassner ordonna à la bouche de s'ouvrir et de
pousser des rots ; ce qui arriva : la malade se guérit elle-
même. Le P. Gassner lui fit venir des douleurs au dos ;
elle y porta la main , et étant conseillée de faire cesser
elle-même les douleurs , les douleurs cessèrent comme
elle l'assura. Le P. Gassner fit venir des maux de tête,
des douleurs aux pieds, des convulsions ; elle se guérit
elle-même. Le P. Gassner : *nihil modo audiat.* Il lui
demanda son nom ; il n'eut point de réponse. Le P.
Gassner lui dit, *audiat iterum*, à la demande, comment
elle s'appelait , elle lui dit son nom de baptème. Le
P. Gassner ordonna : *apertis oculis nihil videat* ; à sa
demande sur ce qu'elle voyait elle répondit : *Je vois des
chandelles*. Le P. Gassner lui ordonna : *apertis oculis
nihil omnino videat.* Les yeux étaient ouverts ; et à la
demande sur ce qu'elle voyait, elle répondit : *je ne vois*

— 32 —

rien. Le P. Gassner continua : *proecipto* , *in nomine Jesu* , *ut non possis loqui.* Il lui demanda comment elle s'appelait? Elle dit son nom de baptême, ce qui arriva aussi à la seconde demande; et à la troisième , elle ne répondit rien. M. Gassner lui dit encore : *loquatur* , *in nomine Jesu* , *et habeat usum rationis.* Il lui demanda son nom , elle lui dit son nom de famille. Le P. Gassner ordonna : *perdat usum rationis.* Elle ferma les yeux et ne répondit rien à sa demande. Le P. Gassner continua : *habeat usum rationis :* elle revint à la raison. Le P. Gassner lui recommanda fortement de résister aux accès qui voulaient la surprendre , dans l'instant même de la surprise, en leur ordonnant de s'éloigner. Sur cela il lui dit , *perdat usum rationis* , *in nomine Jesu.* Ce précepte ne fit point d'effet , quoique répété à deux reprises. Le P. Gassner lui demanda si elle était bien gaie? Elle répondit en souriant , *oui.* Le P. Gassner lui dit : *sit tristis* ; elle paraissait triste. Le P. Gassner continua *extrema luctus gaudia occupent.* Elle rit. Ensuite, *fiat melancholica* ; elle haussa les épaules et sa sérénité disparut. Il lui cria de se guérir elle même ; elle sourit et reprit sa santé. Le P. Gassner appela le plus haut degré de la maladie. Elle eût une forte envie de vomir. Après avoir été excitée de se guérir elle-même , elle cessa. On lui demanda si elle était sujette aux vomissements? Elle dit oui.

A la fin , il fit sur elle l'exorcisme de guérison et lui donna une instruction sur la manière dont elle devait s'y prendre pour se guérir elle-même dorénavant. Il lui demanda si elle avait à se plaindre de quelqu'autre chose? Elle dit qu'autrefois elle était fort inquiétée de la toux. Le P. Gassner appela la toux : elle parut et disparut

à ses ordres. Le P. Gassner répéta l'exorcisme de guérison et quitta la malade vers dix heures et un quart,
en attestant envers les spectateurs étonnés de ce qu'ils
avaient vu, que tout ce qui s'était passé, provenait
uniquement de Dieu, tendant à le glorifier et à confirmer
la vérité de l'Évangile.

Tout ce qui est dit ci-dessus s'est passé en présence de
ceux qui ont soussigné le présent procès-verbal, qui le
certifient vrai, ajoutant que le P. Gassner pendant la
durée de son exorcisme (1), n'a touché Émilie B.... en
aucune manière.

Signés : Otton-Philippe Gros de Trockau, *decanus
herbipolensis et canonicus capitularis Bambergensis*,
proepositus ad S. Stephanum.

Schenck de Stauffemberg, *ecclesioe catholicoe, vir-
ceburg, et augustanoe canonicus capitularis.*

Charles Joseph, baron Kuiringen, *conseiller intime
de S. A. S. de Mayence et de S. A. le prince d'Ellwang,
et grand veneur.*

Joh. Hen. Baum, *scholast. ad S. Andr. Wormatioe.*

P. Reinhardus Picret, *minorita couventualis S. scrip-
turoe lector et pœnitensiarius ecclesioe cath. Vurteb.*

De Maubuisson, *conseiller de la régence de S. A. E.
Palatine.*

Fr. Huberthi, *mathes. prof. P. et O. in univers.
Wurzbr.*

De la Mezan, *conseiller de la régence de S. A. E.
Palatine.*

---

(1) La théologie de S. Ligori donne, sur les EXORCISMES, des
notions sûres et étendues. (NOTE DE L'EDITEUR).

J. Noble de Sartori, *conseiller de la cour et de la régence de S. A. le prince d'Ellwang.*

A. de Schmidlein, *conseiller de la chambre de S. A. le prince Évéque de Wurzbourg, régistrateur du chapitre et conseiller de la ville.*

Chrisostôme Stalhoffer, *parochus in forst serr. ac potentiss. electoris Palatini cons. eccles.*

Jacques Bollinger, *chirurgien du contingent du pays d'Ellwang.*

NOTICE

BIOGRAPHIQUE

SUR DE HAEN,

(Extrait du dictionnaire de Feller.)

ANTOINE de Haen, né à la Haye en Hollande en 1704, et mort à Vienne en Autriche le 5 septembre 1776, fut conseiller Aulique et médecin de l'Impératrice Marie-Thérèse. Il est connu dans la république des lettres comme l'un des plus savants et des plus habiles médecins de l'Europe. Ennemi de l'empirisme de tant de pratiques modernes, fruit de la frivolité et de l'inconsistance des esprits de ce siècle, de Haen ne se réglait que sur des principes reconnus, et sur la grande leçon de l'expérience. Les traités qu'il a successivement publiés, sous le titre de *ratio medendi*, forment dix-sept volumes in-8°, dont le dernier a paru à Vienne en 1774. On a encore de lui plusieurs autres dissertations séparées, parmi lesquelles il faut distinguer le traité *magioe examen*, *magioe liber*, Vienne 1774, Venise 1775, 1 vol. in-8°. De Haen y combat la crédulité du peuple et cette multitude de contes que les siècles d'ignorance ont enfantés sur la magie; mais il maintient conformément à l'Écriture-Sainte, aux saints Pères de l'Église et à l'Histoire de tous les siècles la réalité de la magie, quoique dans des cas plus rares que le vulgaire ne l'imagine. Cet ouvrage a fait beaucoup de bruit et ses adversaires s'en sont servis pour affaiblir sa réputation. « On sent assez

» que dans le temps où nous sommes, on est mal reçu
» à parler d'agents surnaturels ; mais est-ce sur les
» opinions reçues ou rejétées dans ce siècle qu'il faut
» juger les notions humaines, généralement adoptées
» dans les siècles précédents ? Ne serait-il pas raison-
» nable que l'impartiale postérité prononçat sur les
» différents élevés entre notre philosophie et celle de
» nos ancêtres ? Les contestations des siècles ressem-
» blent à celles des individus contemporains ; chacun
» se croit le mieux fondé, chacun prétend avoir pour
ɪ soi les droits et les honneurs de la raison ; il leur faut
» un juge qui ne soit pas partie. »

Voilà ce qu'on écrivait en 1782, lors de la première
édition de ce dictionnaire. Depuis cette époque ces observations ont paru acquérir de la considération et de
la force. La magie est devenue une marote de mode
comme le remarquent Mirabeau dans sa *monarchie
prussienne*, Archenltz dans son *traité de l'Angleterre*
etc. Les mémoires de Saint-Simon nous ont appris que
le duc d'Orléans, régent de France en faisait son étude.
Nous lisons dans d'autres mémoires que le maréchal de
Richelieu a donné des preuves du même goût. Et quel
concours de curieux n'y eût-il pas à Paris pour voir les
mystérieux tours de Cagliostro sans que personne en
donna l'explication physique ? Que de grosses perruques
et de cordons bleus ou rouges, qui ne croyaient pas
en Dieu allaient se repaître de ces tours nécromantiques
et de souper avec Voltaire, Rousseau, Helvetius etc.,
morts depuis des années ! Il ne s'agit pas de savoir si
effectivement ils obtenaient ce qu'ils cherchaient ; ils le
cherchaient, cela suffit : ils croyaient de plus qu'ils
l'avaient obtenu et sortaient de là tout ébahis.

NOTICE
BIOGRAPHIQUE

SUR LE P. GASSNER,

(EXTRAIT DU DICTIONNAIRE DE FELLER).

Gassner (Jean-Joseph), prêtre du diocèse de Coire, en Suisse, curé d'un village autrichien nommé Cloesterle, ensuite conseiller ecclésiastique et chapelain du Prince-Evêque de Ratisbonne, s'est rendu célèbre en Allemagne par le don qu'on lui a attribué de guérir les malades par l'invocation et l'efficace du nom adorable du Sauveur. Le fameux Lavater, ministre de Zurich et un grand nombre de Protestans et de Catholiques ont attesté ce fait comme témoins oculaires ; d'autres l'ont nié ; quelques-uns ont essayé de l'expliquer par des raisons purement physiques. L'abbé Gassner était au reste un homme de bien, un Ecclésiastique plein de charité et de zèle, respectable par ses mœurs, sa piété et son désintéressement. Il est mort le 4 avril 1779 ; M. de Haen à la fin de son traité *de miraculis*, parle de l'abbé Gassner d'une manière qui semble tenir de la prévention et qui prouve qu'il a adopté avec une entière confiance la diatribe publiée par le moine Hertzinger contre ce vertueux Prêtre. Mais on voit en même-temps l'embarras où il se trouve d'expliquer une multitude innombrable de faits dont il ne conteste pas la certitude ; il combat

tous les moyens de l'expliquer naturellement et paraît
enfin décidé à les regarder pour de la magie. Mais le
bon abbé Gassner avait l'air si peu magicien ! Ceux qui
l'ont comparé à Mesmer et lui ont supposé les secrets du
prétendu magnétisme, n'ont pas raisonné plus juste.

PHÉNOMÈNE SURNATUREL
OBSERVÉ PAR UN MÉDECIN.

LE docteur Garcin, de Draguignan, département du
Var, a fait insérer dans la *Revue Britannique* l'article
qui suit, et cet article a été répété par la plupart des
journaux de la capitale. Le voici tel qu'on le trouve dans
la Presse, du 22 septembre 1838, et dans l'ouvrage
publié par le docteur Billot sur le magnétisme
(*tom. 2. p.* 315).

M. Garcin, médecin français, à Draguignan, a
constaté par des expériences multipliées, le don du
sommeil magnétique naturellement provoqué dans un
jeune homme de vingt-deux ans, avec des circonstances
qui ne permettent pas le soupçon et les doutes où s'enve-
loppent trop souvent les adversaires du sens intime.

Cet individu, nommé *Michel*, natif de *Figanières*,
s'endort positivement à volonté et à toute heure du jour
et de la nuit. Il n'a pas d'autre éducation que celle qu'on
acquiert dans les écoles primaires du village et n'a jamais
voyagé que de Draguignan à Nice. Il suffit de regarder
Michel fortement pour l'endormir une fois dans une
minute, qu'il soit étendu dans son lit, ou assis sur une

chaise au milieu d'une société nombreuse. Dès que le
sommeil est venu, des coups de fusils tirés aux oreilles
de *Michel* ne sauraient troubler son repos. Dans cet état,
il passe bientôt et sans difficulté à une série de tours de
force intellectuels dont nous allons tracer une esquisse
rapide , en confessant notre profonde humiliation vis-à-
vis de la puissance supérieure qui a posé un semblable
mécanisme dans la charpente animée de l'homme.

L'esprit de *Michel* se transporte au gré des question-
neurs dans les astres, aux antipodes, sous la croûte du
globe terrestre ; il décrit avec une effrayante rectitude
de jugement les lieux qu'on lui fait ainsi *diaboliquement*
visiter. Il s'attache d'abord aux masses ; les détails dépendent de la fantaisie des interrogateurs. Désignez-lui
une personne absente qu'il n'a jamais vue , à l'instant il
décrit son portrait physique et moral , il en tire l'horos-
cope , pénètre dans son intérieur , cherche la partie
malade ou viciée, indique le remède le plus efficace,
et prescrit le traitement.

On a fait voyager *Michel* dans les lieux qu'il ne
connaissait assurément pas , et ses réponses ont donné
la preuve d'une lucidité que les puissances actuelles
de l'organisation de l'homme ne semblaient pas admettre.
Il a parfaitement raconté que la petite ville des *Martigues*
était longue et en trois parties ; — que près de *Saint-
Chamas* et sur la *Touloubre* , rivière qui se jette dans
les étangs de la Camargue, il y a un pont , et sur
ce pont un arc-de-triomphe de construction Romaine.
— Dans un château, situé au-dessus de *Salon* , des
personnes jouaient aux cartes à dix heures du soir : il
les a vues. — Les arènes de construction romaine et le
nouveau canal d'Arles furent également indiqués avec

une précision surprenante. Mais, voici quelque chose de plus merveilleux, et que M. *Garcin* livre à la méditation des savants et des philosophes.

Michel possède la faculté de la *Rétrospection*; il voit des événements depuis long-temps passés, et qu'il n'a pu connaître. On l'a fait descendre à l'année 1833 pour l'envoyer à la recherche de la *Lilloise*.

Michel découvre la corvette au moment de son départ de *Cherbourg*. Il l'arrête à 103 lieues des côtes de France, à cause du mauvais temps. Il arrive en Irlande avec elle en mai 1835 ; en repart le 13 juin. Il la perd de vue et ne la retrouve qu'en mai 1836, tout-à-fait dans le nord, où règne un froid excessif, qui empêche les habitans de se montrer et de lui dire le nom du pays dans lequel il voyage. — La corvette part de nouveau ; il ne la revoit qu'à la fin de décembre 1837, dans le pays le plus glacial qu'il ait parcouru. Un événement qu'il ne peut définir à cause du froid qu'il éprouve lui-même dans tous ses membres, menace le navire français du plus grand danger ; il entend les cris de détresse de l'équipage ; le navire est englouti ; tout disparaît, tout périt, pas un homme n'échappe, pas même trois chats qui se trouvent à bord !!!

Ce sinistre arriva à 1165 lieues de Londres.

Voilà assurément l'exaltation mentale la plus inouïe dont il soit parlé dans les annales de la psychologie humaine. Quoique cette navigation, au dire de M. *Garcin*, ait beaucoup fatigué *Michel*, par suite des variations de la température qu'il ressentait, comme s'il eut réellement changé de place, on lui fit faire, dans la même séance, d'autres voyages qu'il accomplit avec la même exactitude et constamment, grâce à la simple puissance

de l'imagination. Du reste, il vit le siège de *Constantine*,
à l'époque où cette opération militaire fut entreprise, et
le général Danremont recevant le coup mortel, le jour
même de la catastrophe.

Enfin pour en revenir à l'instinct des remèdes, inter-
rogé sur la maladie d'une dame du pays, *Michel* prescrivit une plante à laquelle il donna un nom particulier,
la *maila dona*, et qu'on ne connaît ni dans la botanique,
ni dans la contrée ; il s'agissait de trouver cette plante.
Michel déclara qu'elle croissait dans l'intérieur d'une
forêt, au pied d'un chêne-vert, à 400 mètres d'une
cassine dont il désigna le propriétaire. On conduisit le
somnambule à la recherche de cette plante inconnue ;
ne la trouvant pas, malgré tous ses efforts, *Michel* se
couche à terre dans la forêt, s'endort, et dans le sommeil magnétique, il indique le même arbre, au nord-
est de la cassine et toujours à la distance de 400 mètres.
On mesure la distance et on découvre la plante au pied
d'un chêne-vert.

Il paraît, au surplus, que les objets qui constituent
la question que l'on adresse au somnambule de *Figanières*, font en quelque sorte une révolution autour de
son corps, et que si *Michel* ne les saisit pas au premier
tour, il les manque rarement aux tours qui suivent.
Réveillé, le somnambule n'a souvenance que d'un vaste
tableau qui formait circulairement un vrai panorama,
et auquel il empruntait les faits, les idées et les mots
dont se composent ses réponses.

Réflexions.

1° Le *sens intime* dont il est parlé dans cette observation, n'a pas plus d'existence que le fluide magnétique.

2° Les mauvais Anges qui voltigent dans tout l'univers,
et dont le nombre est immense, qui se transportent dans
un clin-d'œil d'un bout du monde à l'autre, qui se communiquent entr'eux, leurs idées et leurs découvertes,
qui pénètrent partout, dans tous les écrits, jusque dans
les pensées les plus secrètes des hommes, peuvent, sans
doute, révéler les événements passés et présents, et les
choses les plus cachées. Les mauvais Anges ou démons
peuvent aussi prédire les événements futurs ; mais seulement quand Dieu les leur fait connaître ou lorsque ces
événements dépendent de causes naturelles, soumises
aux calculs de l'expérience et d'une intelligence supérieure, ou bien lorsque le Seigneur leur permet de faire
arriver les événements, comme on le voit dans l'histoire de
Job. Ainsi les anciens oracles qui n'étaient autres que des
démons révélaient à coup sûr les événements passés et
présents ; mais quant aux événements futurs, les oracles
s'exprimaient constamment d'une manière obscure,
ambigue et souvent à double sens. Du reste, les démons
trompent et mentent souvent : et toutes les fois qu'ils y
trouvent leur intérêt, étant naturellement des esprits de
mensonge.

NOTICE

HISTORIQUE

SUR LE CÉLÈBRE MÉDECIN FRÉDERIC HOFFMANN.

(DICTIONNAIRE HSITORIQUE.

———

Hoffmann (Frédéric), né à Hall, près Magdebourg, prit le bonnet de docteur en médecine l'an 1681 ; nommé professeur de cette science en 1693, dans l'Université de Hall, il remplit cet emploi avec beaucoup de distinction jusqu'à sa mort arrivée en 1742. Ses ouvrages ont été recueillis en 6 volumes in-f°. Il y a eu un premier supplément en deux parties, et un second en trois volumes. Hoffmann mérite d'être mis au nombre des meilleurs auteurs de médecine. Il connaissait cette science à fonds. et il était d'ailleurs grand praticien. On doit lui savoir beaucoup de gré des aveux qu'il fait en faveur des remèdes simples et domestiques.

« J'affirme avec serment, dit-il, qu'il a été un temps où je courrais, avec ardeur, après les remèdes chimiques ; mais avec l'âge, j'ai été persuadé que très-peu de remèdes bien choisis, tirés même des choses les plus simples et les plus viles, en apparence, soulagent plus promptement et plus efficacement les malades, que toutes les préparations chimiques les plus rares et les plus recherchées. »

a

DE LA

Puissance du Démon

DANS LES CORPS DE LA NATURE.

DISSERTATION PHYSICO - MÉDICALE,

Par Frédéric Hoffmann.

CONSEILLER INTIME DU ROI DE PRUSSE, PROFESSEUR DE MÉDECINE
A L'ACADEMIE DE HALL, ET MEMBRE DE PLUSIEURS
AUTRES ACADEMIES.

———

INTRODUCTION.

On lit dans Plutarque, le passage suivant : « C'est en quelque sorte détruire toute philosophie que refuser de croire aux faits qui tiennent du merveilleux, car s'il appartient à la raison de discuter les causes des phénomènes, leur authenticité n'est pas moins le propre et le domaine de l'histoire. » (*Symphos. lib. 5. c. 7.*)

Pline le Naturaliste pense absolument de la même manière et s'exprime ainsi : « On juge beaucoup de choses impossibles, ou parce qu'elles n'ont pas encore été faites, ou parce que l'ayant été anciennement, on n'en a pas été le témoin, ou enfin par l'impuissance ou l'on est d'en rendre raison : n'est-ce pas une véritable démence ? » (*Hist. natur. lib. 7. c. 1.*)

Les hommes les plus doctes et les plus sensés furent de l'avis de ces deux grands écrivains, et condamnèrent à juste titre ceux qui rejetaient les preuves historiques ou les faits, sous prétexte qu'ils n'en voyaient nulle explication. Enfin les philosophes eux - mêmes signalant

cette erreur, posèrent en principe : que la non existence
d'un sujet ne peut se conclure de l'ignorance ou l'on est
de ses attributs.

Cependant ces mêmes philosophes, et particulièrement
les médecins, oublient si fréquemment cette règle, qu'on
a peine à compter leurs écarts ; et tandis qu'ils de-
vraient commencer à observer et mettre à profit les le-
çons de l'expérience avant de passer à la recherche des
causes des phénomènes, ne les voit-on pas le plus souvent prendre une marche toute opposée, et perdre le
temps à discuter s'il existe quelque chose ou non ? Ont-
ils quelque examen à faire? vous les voyez recourir aussitôt à leur raison, et lui faire mille questions, et la
tourmenter en mille manières ; mais qui ne sait que cette
raison est inhabile à pénétrer la plupart des causes naturelles ou métaphysiques, et que jugeant fort rarement
des choses par leurs principes générateurs et fondamentaux, elle est le plus souvent pour nous un guide peu sûr
et trompeur ?

C'est pourquoi lorsqu'il est question de faits, je trouve
plus sensé d'examiner *à priori* la vérité et l'authenticité
de l'histoire, que par une anticipation ridicule et intem-
pestive se jeter à corps perdu dans l'examen de l'existence des choses et de leurs attributs.

On sait qu'elle prodigieuse variété d'opinions opposées
a enfanté l'infraction de la règle que nous avons citée plus
haut, particulièrement sur ce qui a trait à la puissance
des malins esprits.

Les uns poussant trop loin la crédulité ne voient plus
que des diables, des enchanteurs et des fées, dans des
effets purement physiques, et qui sont une conséquence
nécessaire des lois générales de la nature; d'autres, au

contraire, ne veulent accorder aucun pouvoir aux démons, et nient positivement leur influence dans les corps,
parce qu'ils la jugent opposée aux lumières de la raison.

Mais nous objecterons en peu de mots à ces derniers,
que du consentement unanime de tous les hommes, deux
ou trois témoins suffisant à constater la vérité d'un fait,
nous ne pouvons concevoir quelle obstination on mettrait à nier ce qui de mémoire d'homme a été la croyance de toutes les nations, ce dont les théologiens, les
philosophes et les médecins les plus distingués, sont
tombés d'accord d'une façon si merveilleuse; enfin ce
que l'histoire nous montre sanctionné par tant d'édits et
de jugemens de nos magistrats, et confirmé par les aveux
même arrachés aux coupables.

L'autorité peut seule venir à l'appui des faits, mais
elle devient elle-même inutile lorsqu'il s'agit des choses
a la portée de la raison et de l'intelligence.

Enfin, je doute qu'aucun assemblage de faits ou histoire réunisse en sa faveur un plus grand nombre de témoignages, et soit attestée par des autorités plus respectables que celle qui rapporte les diverses manières
dont le démon s'est manifesté dans le corps humain et les
autres corps de la nature.

Néanmoins, je crois devoir peser attentivement les
raisonnemens qu'on emploie d'ordinaire en faveur de
mon sujet, et qui ayant apporté la conviction sur quelques points, obligent dans la suite à admettre comme
prouvées les fables les plus ridicules ; car il faut également éviter et de trop accorder aux démons et de leur
refuser toute puissance. Plutarque (Vie de Camille, p.132)
nous donne encore à ce sujet ce sage avertissement. « Vu
la fragilité humaine qui, se dirigeant le plus souvent

sans volonté et sans but, tantôt donne tête baissée dans la plus folle superstition; puis à deux pas de là, dans l'oubli et le mépris des choses de Dieu, il est aussi dangereux de s'abandonner trop aveuglément en ces sortes de matières qu'à leur refuser toute croyance. Il faut y mettre beaucoup de réserve et de circonspection. »

C'est pourquoi, il importe au philosophe d'examiner soigneusement les marques de la puissance du démon, et de remarquer si elle s'étend à tous les temps et à toutes sortes d'objets. Telle est la tâche pénible et délicate que je me suis imposée sans aucune vue éloignée ou nuisible motif. Le sujet ne sort point de ma matière; car le physicien et le médecin sont aussi à même de reconnaître et apprécier les différences qui existent entre les esprits et les corps, et l'influence plus ou moins grande des premiers sur les derniers.

Je prie Dieu qui est l'auteur et la source de toute lumière, qui dissipe à son gré les ténèbres et confond les artifices du démon, de me conduire à la vérité, dans ce travail, que j'entreprends pour la gloire de son nom et le bien du prochain.

§ Ier.

Avant d'entrer en matière et d'examiner si le démon a vraiment le pouvoir d'agir dans les corps, nous commencerons par définir ce mot, comme l'ordre et la marche de la discussion semblent la demander.

Je dis donc, que le diable ou démon, du commun accord des théologiens, des physiciens et des médecins, est un esprit créé, fini, ami du mal, doué d'un certain pouvoir dans les créatures et particulièrement dans le corps humain.

Je l'appelle esprit, parce que sa substance est inétendue et qu'on ne peut lui assigner aucun lieu, parce qu'i
n'offre ni l'impénétrabilité, ni la divisibilité de la matière; enfin, parce qu'il est doué d'entendement et d
volonté, par conséquent de la faculté de connaître et d
penser.

J'y ajoute l'épithète *créé*, parce qu'il tire son origin
d'un être suprême et infini, sous la loi duquel il vit.

Je dis aussi qu'il est *fini* ou *borné*, tant en raison de
son essence que de ses opérations, parce qu'il est avec
toute sa puissance sous l'entière dépendance de Dieu.

Par ces mots *amis du mal*, nous le distinguons nécessairement des esprits bienheureux, et nous signalons la
monstrueuse dépravation de sa volonté qui, le portant
incessamment à nuire, le tient devant Dieu et les hommes dans une guerre perpétuelle, dont il semble qu'il ait
fait à toujours son unique pensée et son unique soin.

Ainsi, comme la bienveillance et l'amour caractérisent
les esprits bienheureux, les démons se reconnaissent à
leur penchant pour le mal, la fraude, la haine et la perte
de tout le genre humain.

Enfin, j'ai accordé une certaine puissance au démon,
car n'y ayant aucun être dans la nature qui n'aie reçu sa
puissance ou action particulière sur quelqu'autre, nous
pouvons d'autant moins en refuser au démon, que la
nature des esprits est plus élevée surtout le reste de la
création.

J'ai dit aussi que sa puissance s'exerçait dans l'homme;
mais elle a moins d'action sur les opérations de l'ame ou
les sens n'ont aucun office, que sur les facultés qui ne
sauraient s'exercer sans leur secours.

L'imagination semble être plus particulièrement le

siège de sa puissance, car il y opère un grand nombre de merveilles ; cependant elle ne se manifeste point d'une manière moins admirable dans les corps eux-mêmes, quoiqu'elle ne s'étende pas au-delà de leurs limites, comme nous le ferons voir dans la suite de la discussion.

§ II.

Commençons par peser avec soin les raisons qu'apportent en faveur de leur système, ceux qui, croyant à l'existence du démon, nient cependant sa puissance dans les corps.

Nous voyons d'une part qu'entre les théologiens et les philosophes, ceux qui professaient le Cartésianisme abondaient surtout en ce sens.

Lorsque Descartes enseigna que Dieu était la cause prochaine et immédiate du mouvement dans les corps, il donna naissance à l'opinion que nous combattons. On connaît assez la merveilleuse fécondité de l'erreur ; aussi cette pernicieuse opinion donna-t-elle bientôt naissance à cette autre, savoir, que le démon n'avait aucun pouvoir dans les corps.

Voyons comment raisonnent à ce sujet le maître et ses disciples après lui.

Les corps sont une matière étendue et divisible, entièrement passive en soi et dépourvue de toute activité. Si donc on veut qu'ils deviennent susceptibles d'agir, ce ne pourra être qu'en vertu d'un principe actif quelconque qui leur communique la force, le mouvement et la vie.

Mais ce principe lui-même ne saurait être matière, puisque tout ce qui est étendu est passif par sa nature.

D'un autre côté, comment le concevoir borné lorsqu'il donne le mouvement à ce vaste univers et à cette multitude infinie de corps qui y sont renfermés?

Il faut donc conclure de toute nécessité qu'il n'existe aucun mouvement dans la nature dont l'Etre suprême ne soit la cause prochaine et immédiate.

C'est ainsi qu'ils ont cru donner à la démonstration de l'existence de Dieu un nouveau degré d'élégance et de clarté. Et certes, je doute qu'il y ait dans toute la théologie ou la physique, une opinion plus féconde en erreurs de tous les genres. On démontre bien par ce moyen l'existence d'un Dieu qui préside à cet univers, mais on n'en fait pas assez de différence avec l'univers lui-même, fameux écueil ou Benedic Spinosa fit autrefois un terrible nauffrage et perdit en même-temps tout sentiment religieux.

Quant à moi, je pense qu'un Etre qui n'aurait en lui-même aucune puissance active, ne pourrait affecter aucune forme ou figure, ni retenir aucune disposition particulière. Premièrement, ce serait tomber dans une erreur manifeste que d'accorder un pareil pouvoir à la matière; ce serait donner à la créature, ce qui est l'essence même du Créateur; ce serait confondre avec leurs causes les effets qui frappent nos sens.

Supposons, d'un autre côté, qu'une bête sauvage ayant commis quelque dégat aie réduit un villageois à la pauvreté, ou l'aie mis dans une grande gêne, qui osera pousser l'absurdité jusqu'à dire que Dieu fut l'auteur du dégat ou qu'il en fut la cause prochaine?

Tout donc bien pesé et examiné soigneusement, on tirerait de ce qui précède, que si l'activité attribuée aux corps en vertu de laquelle ils se meuvent, ils opèrent, ils meuvent les autres corps, était divine de sa nature, il s'ensuivrait que Dieu ne serait autre qu'un principe actif, formant une partie constituante de ces mêmes corps, puisque la matière passive en soi est inhabile à se mouvoir ou agir en aucune manière.

Or le Créateur est une substance ou force infinie purement active, cause première et source inépuisable de toutes les forces de la nature.

Les créatures, au contraire, sont des substances douées de forces bornées, également faites pour agir et pour souffrir.

Enfin, toutes les créatures avec les forces ou puissances qui se trouvent en elles et qui sont le principe de leurs opérations, toutes choses en un mot, comme d'une source abondante, viennent de Dieu dont la parole féconde leur donna l'existence et dont le bras puissant les protège et les soutient sans cesse.

Les corps ont reçu de lui un principe intérieur, actif, susceptible de recevoir toute action ou impression, par conséquent, de devenir passifs.

Il est donc de toute fausseté que la force qui agit dans les corps soit une intervention divine immédiate ; et cette proposition acquerra un nouveau degré de clarté si nous en faisons l'application à nos pensées.

En effet, la pensée est de l'avis unanime des docteurs, une opération de l'esprit où il agit par sa propre force et vertu intérieure. Et certes, qui oserait dire que ce soit Dieu qui pense ou qui veuille en nous, pour refuser à notre ame sa faculté de penser et de vouloir, qui est son partage ?

Toutefois, ce n'est pas à dire que le concours général de la divinité soit inutile à sa pensée, puisque c'est à sa protection continuelle que nous devons l'existence.

C'est ainsi que les corps se meuvent aussi par leurs propres forces , tandis que sa providence universelle veille à leur conservation.

Enfin , l'on peut montrer *à posteriori* , et par un raisonnement bien simple, que Dieu n'est point la cause prochaine des mouvemens dans les corps ; car nul homme sensé ne sera tenté de prendre pour l'action immédiate de l'Être suprême , ce qui n'est que l'effet de l'imagination frappée dans une femme enceinte. Tout le monde , au contraire, s'accordera à le regarder comme un effet de la puissance de l'imagination sur notre constitution physique.

Or , une expérience constante et journalière , nous apprend que le déréglement de l'imagination peut, non-seulement troubler la formation du fœtus dans le sein de la mère , mais fort souvent même s'y opposer complètement. Si donc Dieu procède immédiatement à la formation du fœtus dans le sein , suivant l'opinion des Cartésiens , il faut en conclure que l'action seule de la mère peut troubler Dieu dans son opération , conclusion impie et entièrement opposée à la saine raison.

Les Cartésiens appuyés sur ce faux principe, que Dieu est la cause prochaine du mouvement dans les corps , opinion dans laquelle ils persistent avec opiniâtreté , ne peuvent se persuader que le démon puisse agir en eux ou les mouvoir à son gré, puisqu'il ne peut avoir aucune action sur Dieu qui est l'auteur de tout mouvement et de tout ordre dans la création.

Mais après avoir renversé , dans ce paragraphe, le principe sur lequel ils appuient tout leur système , cette autre proposition que le diable ne peut avoir aucune puissance dans les corps de la nature, périt du même coup.

§ III.

Procédons maintenant à l'examen des autres arguments au moyen desquels ils pensent démontrer l'impuissance du démon dans les corps.

Ils allèguent en premier lieu, qu'un pur esprit ne peut agir dans les corps, n'y ayant aucun rapport, ou point de contact entre leurs mouvemens et une substance pensante douée d'intelligence et de volonté.

Ils observent ensuite que leurs mouvements ne pouvant avoir lieu que par contact, on doit nécessairement refuser au démon la puissance de les mouvoir, puisqu'il est également impossible qu'une substance inétendue puisse les toucher.

Je réponds : il est vrai qu'aucun corps ne saurait se mouvoir de lui-même, c'est-à-dire, qu'un corps isolé ou considéré uniquement en soi ne pourrait engendrer le mouvement, la nature en requérant au moins deux à cet effet ; car le mouvement n'est autre chose que le résultat de leur action réciproque, l'un imprimant la force motrice, l'autre la recevant par contact : et c'est en ce sens qu'on dit qu'un corps en meut un autre. Mais ce serait une question de savoir si un corps ne pourrait pas recevoir le mouvement indépendamment du contact d'un autre corps, comme par l'impression immédiate d'une force, ou plutôt par l'action d'une substance immatérielle, d'un esprit ? Quant à moi, je ne vois pas pourquoi cela n'aurait pas lieu, car si nous examinons la nature de cette force, qui met les corps en mouvement, ne sommes-nous pas forcés d'avouer quelle est immatérielle ? Et si un corps se meut avec plus ou moins de vitesse, appercevons-nous dans ces différents états aucune altération dans la masse primitive? Pouvons-nous dire qu'il y ait gagné ou perdu rien de matériel? Non, certes. Et si nous supposions un seul corps infini, c'est-à-dire, sans aucune limites, il pourrait sans la moindre diminution de ses forces communiquer le mouvement à tous les autres corps supposés dans une complète inertie.

Nous sommes donc forcés d'avouer que cette force, qui est comme la source et la cause universelle de tous les mouvemens des corps, ne peut être qu'immatérielle; et je ne crains point de mettre dans la même catégorie, tout ce que nous appelons la substance ou l'essence des corps.

D'un autre côté, l'esprit étant une substance immatérielle essentiellement active, je ne vois pas la raison pour laquelle son action ne se communiquerait point aux corps.

Mais si l'on éprouve quelque répugnance à m'accorder ce point, vu la différence qu'il faut faire entre la force considérée dans les corps, et celle que l'on attribue aux esprits, et que l'on n'apperçoive entre elles rien de commun par où elles puissent se toucher. Que l'on suppose un instant qu'il en soit ainsi : il nous suffira d'amener nos adversaires à ne pouvoir nier que l'esprit ne soit capable de provoquer par sa propre activité cette force motrice que l'on remarque dans le corps humain; œuvre où le souverain Créateur s'est plu à réunir, et la faculté de se mouvoir et la capacité de recevoir le mouvement par contact, afin que l'homme eut le pouvoir de se mettre en mouvement ou par un acte de sa volonté toute simple, ou par l'impression d'un corps étranger.

Mais qu'est-il besoin pour cela d'une longue discussion? Quand les faits parlent, la raison doit garder le silence.

Qu'y a-t-il en effet de plus avéré et de plus connu que le pouvoir de l'âme sur les esprits animaux qu'elle oblige à mettre en mouvement à son moindre signe telle ou telle partie de notre corps? Et certes, nul ne viendra nous dire ici que ce soit l'âme elle-même qui meuve immédiatement les muscles qui communiquent à nos mains ou à nos pieds. Il faut croire que ces fluides élastiques et subtils que nous nommons esprits animaux soient les intermédiaires dont elle se sert : car leur circulation ou communication une fois interrompue ou obstruée dans un membre, la volonté de l'âme ne s'y manifeste plus en aucune façon. Enfin l'on ne contestera pas non plus que ce ne soit à l'âme qu'appartient la spiritualité et non au fluide nerveux qui en reçoit le mouvement et la direction.

D'où nous concluons évidemment que l'esprit par son unique désir, sa seule volonté (actes essentiellement immatériels) peut déterminer certains mouvemens dans les corps.

Après avoir détruit les fondemens sur lesquels s'appuient ceux qui nient les opérations de Satan dans les corps, il convient d'examiner jusqu'où va sa puissance et de déterminer d'une manière précise ce qu'il peut et ce qu'il ne peut pas.

§ IV.

Examinons cette question, savoir, si le démon a le pouvoir d'opérer dans les corps des transmutations de substance de manière à changer les métaux les plus vils en ceux qui ont le plus de valeur, ou s'il peut donner l'organisation, le mouvement et la vie à des corps que la nature en avait privés ?

Nous répondons que sa puissance ne s'étend pas jusque

là ; car la forme ou contexture extérieure des corps, dépend uniquement de la disposition particulière de leurs molécules constituantes, de leur forme, de leur grandeur. Pour qu'un corps fut changé en un autre, il faudrait que la forme, la grandeur et la disposition des molécules qui constituent le premier fussent entièrement changées, afin d'établir dans le second une disposition de parties, une forme de pores différentes. C'est par de semblables transformations que nous voyons les aliments se changer en chyle, puis en sang, celui-ci se décomposer de nouveau pour former le sérum et la lymphe, puis la chair et les os, qui, soumis en dernière analyse à la fermentation putride, se résolvent dans les principes générateurs de tous les corps.

Or, il n'y a point de vraissemblance que le démon connaisse l'essence ou la construction intime d'aucun corps, non plus que la loi qui en réunit les parties, quoique nous lui accordions la parfaite connaissance de leurs opérations et des divers phénomènes de la nature ; car s'il connaissait leur contexture intime, le pouvoir qu'il a sur la matière le mettrait à même de produire à volonté une foule de corps dont nous n'avons nulle idée, pouvoir qui ne peut appartenir qu'à Dieu seul.

§ V.

On peut demander encore, et la question n'est pas dénuée d'intérêt, si le diable a le pouvoir de prendre un corps sensible et matériel ?

Non. Il peut prendre à la vérité un corps fantastique, imaginaire, mais qui ne deviendra nullement perceptible au toucher. On pourrait en donner pour explication

qu'étant de toute nécessité excellent physicien et opticien
par l'expériencee journalière qu'il fait dans ces sciences,
il peut facilement, ce semble, par des arrangemens particuliers de divers fluides plus ou moins réflecteurs, par
des combinaisons savantes du clair et de l'obscur, rendre
toutes les couleurs qu'il lui plaît, de manière à faire paraître aux yeux une chose qui n'existe pas, comme si elle
était réellement présente.

On goûtera encore mieux ces raisons, si l'on se rappelle
avoir remarqué souvent dans les nuages, qui ne sont
que des vapeurs aqueuses annoncelées et élevées à une
certaine hauteur dans l'atmosphère, diverses représentations fort distinctes de certains corps, comme des ca-
banes, des palais, des forêts épaisses et qui n'ont lieu
que par une meilleure combinaison de la lumière et de
l'ombre.

Nul doute donc qu'il ne soit à la disposition du démon
de produire au dehors de pareils effets, et qu'il ne puisse
se jouer au-dedans de nous-même, de notre propre imagination sur laquelle il domine d'une manière si effrayante.

Il est donc certain que le diable peut revêtir à son gré
les formes ou apparences soit des morts soit des vivants.
C'est ainsi qu'il se présenta sous la forme d'une femme
à Curtius Rufus.

Nous voyons aussi dans Pline le second (*lib.* VIII, *ép.* 27).
qu'il apparut au philosophe Anténodore sous l'apparence
d'un vieillard pâle et desséché. Cassius (*Valer. Maxim.*,
lib. V, *c.* 8) vit au milieu d'un combat Julius César, ou
plutôt un démon qui s'était revêtu de sa ressemblance,
car César était mort depuis long-temps. Ce spectre res-
pirait dans son air quelque chose de surhumain et sem-

blait diriger son cheval contre lui. Fromann dans son
traité *de fascinatione*, rapporte aussi plusieurs exemples
de ce genre.

On conçoit de la même façon que le diable aie le pouvoir de revêtir la forme de divers animaux.

§ VI.

Après avoir fixé définitivement à la suite d'une analyse
exacte, qu'elles sont les opérations dans le corps humain
et les autres corps de la nature, dans lesquelles nous
devons rejeter toute idée d'intervention diabolique, la
marche de cette discussion demande que nous exposions
notre sentiment sur ce que peut faire le diable, et qu'elle
est précisément sa puissance dans le corps humain et les
autres corps de la nature.

Cependant nous ferons remarquer auparavant que le
démon étant un esprit, mais dont la volonté est éminemment dirigée vers le mal, dont l'intelligence est
pleine d'erreur et de confusion, et dont l'imagination est
incessamment troublée par mille fantômes mensongers,
communique plus volontiers et plus souvent avec des
esprits qu'avec des corps de nature hétérogène.

Si quelqu'un était assez téméraire pour nier l'existence
du démon, il ne pourrait certainement mieux se convaincre de son erreur qu'en reconnaissant qu'il habite
même en lui, et y agit comme dans les penchants déréglés et les actions des impies.

Qui oserait nier que dans chaque individu, il ne naisse
indépendamment de sa volonté des pensées, des désirs,
des inclinations dépravées qui portent à pêcher contre
Dieu en violant les lois qu'il nous a imposées ?

Et certes, ce ne sera pas à Dieu qui est la source de

tout bien et de toute lumière, la cause unique de la vie et du salut que nous les attribuerons ; mais les secrets avertissemens , les encouragemens intérieurs qui nous portent au bien et nous persuadent d'éviter le mal ; qui nous engagent à nous défier des suggestions perverses des malins esprits, et nous en font triompher d'une manière éclatante , appartiennent à bien plus juste titre à cet Être souverainement bon.

Expliquons ce qui précède d'une manière claire. Dieu créa l'homme bon , lui donnant l'intelligence qui , semblable à une lumière brillante et pure lui servit à distinguer le bien du mal, le pourvoyant en même-temps d'une volonté libre pour choisir le premier et fuir le second.

Maintenant, si nous cherchons dans le souvenir des antiques catastrophes du genre humain, qui peut produire dans l'homme une métamorphose si déplorable , que son intelligence si pure à son origine ne paraît plus aujourd'hui qu'un monstrueux cahos où se confondent les ténèbres et l'erreur ;.... Et qui oserait faire à Dieu cette injure que de le lui attribuer?

La révélation nous apprendra que le démon fut l'unique cause de cette corruption et de toutes ces misères , et que tous les maux de cette vie découlent de lui seul comme d'une source féconde

Hélas ! nous ne voyons que trop par ce mémorable exemple, jusqu'où s'étend le pouvoir du démon dans l'homme, et il n'y a aucun doute à former que les impies ne soient dirigés par sa perpétuelle influence et que le fidèles eux-mêmes n'en éprouvent de fréquentes inquiétudes.

§ VII.

Cette multitude de noms sous lesquels la Sainte-Écriture désigne le diable, montre assez qu'il est l'origine et la source de tous les maux qui affligent l'univers et l'homme en particulier. Dans Job, il est appelé alternativement Behemoth et Leviathan, c'est-à-dire *dont la vertu malfaisante réside dans les flancs, qui a toute sa force dans l'ombilic*; parce que c'est surtout *par les plaisirs de la chair* qui ont leur siège dans les lombes et l'ombilic, qu'il tente plus fréquemment le genre humain.

On voit aussi, dans le même livre, que cet esprit jouit d'un pouvoir si étendu sur la création, et qu'il est tellement ami du mal et de la destruction qu'il aurait bientôt anéanti l'espèce humaine, si Dieu ne mettait un frein à sa fureur (*Job. cap.* 40.-41).

Dans Tobie, il est désigné sous le nom d'*Asmodée*, c'est-à-dire, *esprit de ténèbres, destructeur*, source de péché; dans le Nouveau-Testament par le mot syriaque *Mammon*, c'est-à-dire, *désir effréné des richesses*. Le Grecs le nomment *diable* qui signifie *calomniateur* ou *cacodæmson*, c'est-à-dire, *qui possède la science du mal*. Les Hébreux lui donnent le nom de *Satan* qui signifie *ennemi, être inaccessible au bien et sans cesse occupé à nuire à tout le genre humain*. Dans l'Apocalypse il est désigné en Hébreu sous le mot *Abaddon*, c'est-à-dire, *qui entraîne les hommes à leur perte*; enfin çà et là dans l'ancien et le Nouveau-Testament, il est qualifié de *menteur, d'imposteur, d'esprit immonde, d'esprit de fornication*; et tantôt c'est *un lion furieux, qui s'élance sur nous pour nous dévorer*. Plus loin c'est *un dragon rusé qui nous tend de secrètes embuches*, ou bien *un*

*vieux serpent qui cache long-temps ses pièges et son
venin. Ici c'est un esprit de fureur et de rage ; là un
esprit impur dont le monde a fait son prince et son
Dieu.* plus loin il est couronné *roi des superbes* et signalé comme *séducteur de l'univers.*

Comme on le voit par ce qui précède, Dieu nous fait
connaître par cette multitude de noms sous lesquels il
désigne le malin esprit dans les écritures, et qui tous
rappèlent un des traits qui le caractèrisent, quelle est
cette puissance effrayante dont il jouit sur la partie la
plus noble de l'homme, je veux dire son ame, qu'il anéantirait entièrement, si Dieu qui le surpasse infiniment
en puissance n'y mettait une barrière insurmontable.

§ VIII.

Après avoir montré dans ce qui précède quel pouvoir
immense possède le démon sur les êtres de son espèce
ou les esprits, il convient d'entrer d'une manière plus
directe dans le sujet de cette discussion en examinant
quelle est sa puissance dans les corps.

Suivant notre opinion, cette puissance qu'il a dans les
corps, outre qu'elle est reserrée dans de certaines limites,
est plutôt secondaire qu'immédiate, car c'est par l'intermédiaire des fluides qui y circulent et sur lesquels nous
lui reconnaissons le pouvoir d'agir, qu'il agit dans les
corps eux mêmes.

Il est le prince de *l'air* et du *feu* qui remplissent l'espace, qui s'étend entre les planètes et la terre, et c'est
au moyen de ces deux agents auxquels il imprime à son
gré la direction et le mouvement, qu'il opère dans tous
les autres corps de la nature. L'Écriture Sainte (*Eph.* 2,
v. 2) vient à l'appui de ce que nous avançons, car elle

qualifie le démon Prince *de l'air*, parce que c'est dans ce puissant mobile que réside presqu'entièrement son pouvoir et sa force.

Mais l'effet seul de sa volonté est-il capable de mettre l'air en mouvement? c'est une question qui se présente ici d'une manière toute naturelle.

Nous avons admis d'une part qu'un esprit ne peut être cause immédiate de mouvement dans un corps, et par conséquent le démon ne saurait l'être dans l'air; mais il a le pouvoir de provoquer au mouvement et de tracer la direction à certains fluides déjà pourvus d'une force motrice particulière. Notre corps nous montre effectivement d'une manière bien sensible, que ces fluides que nous appelons nerveux, corps infiniment substils et élastiques sont la principale cause du mouvement dans la lymphe cérébrale, les nerfs, le sang et les muscles en général.

Mais le pouvoir que notre ame a reçu de Dieu pour commander à ces mêmes fluides, est restraint à certaines limites comme nous le montre l'expérience. L'analogie doit nous conduire à penser qu'il doit en être de même de celui du démon qu'on ne regardera pas comme la cause immédiate du mouvement dans l'air, ce dernier étant pourvu d'une force motrice particulière.

Cependant nous accorderons au démon le pouvoir de déterminer ce fluide à certains mouvements, ce qu'il ne pourrait néanmoins sans une permission particulière de Dieu.

Nous conclurons donc de ce qui précède, que le démon peut facilement revêtir diverses formes fantastiques soit d'hommes, soit d'animaux, en combinant les vapeurs de l'atmosphère de manière à obtenir divers accidents d'ombre et de lumière; et nous aurons en même temps la clef de toutes les apparitions, de ces spectres, ces fantômes dont l'histoire est attestée pour les monuments les plus anciens, confirmée par le témoignage de la sainte Écriture, et les observations faites à diverses époques en diverses contrées.

Si le diable a le pouvoir d'opérer des ébranlements dans l'atmosphère, rien n'empeche à coup sur, qu'il ne puisse y produire certains bruits, *certains sons, certains éclats de voix;* car on démontre bien éclairement en physique que le son n'est autre chose que le résultat des vibrations successives de l'air. Et qui pourrait s'opposer à ce que le démon pu le comprimer d'abord, puis l'abandonner à son élasticité naturelle et le faire réfiechir sur les corps environnants, comme il arrive lorsqu'on le chasse d'un tuyau de flûte?

Mais si nous lui accordons le pouvoir d'agir ainsi *sur l'air*, nous ne pourrons lui refuser celui d'*exciter les vents* qui ne sont autre chose que des ébranlements moins considérables de l'atmosphère, *la foudre, les pluies, la grêle et les autres fléaux de ce genre* au moyen desquels il détruit les récoltes.

Valvasor démontre pas plusieurs exemples *que les sorcières avaient souvent envoyé des pluies en sura-bondance, des ouragans, et fait tomber la foudre dans les pays qu'il décrit.* On sait, en effet, que ces divers météores ne proviennent que du concours et du choc de certains principes gazeux hétérogènes. On conçoit facilement, par exemple, qu'il puisse nous envoyer la pluie en poussant les vapeurs de l'atmosphère vers une région dont la température soit plus basse; car ce changement de lieu, les privant d'une portion de leur calorique elles se condensent, puis se resolvent en gouttes d'eau.

Enfin, nous ne ferons aucun doute que le démon ne puisse par des moyens naturels produire une foule d'insectes dans l'air, car il arrive souvent que certains lieux sont infectés d'une multitude innombrable *de sauterelles, d'araignées, de chenilles* qui y détruisent la récolte, tandis que des terres voisines, sous la même température sont entièrement exempte de ces fléaux.

On a cherché long-temps en vain, la cause de cette bizarrerie. Quant a moi, pour en dire mon sentiment, je ne croirais point absurde de dire que ces *changements extrardinaires de température, ces désordres que l'on remarque quelquefois dans les saisons qui apportent la mort aux plantes, et aux animaux et désolent les hommes par des maladies contagieuses*, attribuées tantôt à la maligne influence des astres, tantôt au souffle de quelque vent pernicieux, *n'ont fort souvent d'autres cause que la malice du démon.*

Mais dira-t-on, le démon qui est un pur esprit ne saurait être considéré comme un agent mécanique. Nous en conviendrons volontiers, mais pourquoi n'opérerait-il pas des effets mécaniques en tant que cause morale à la façon de l'ame dans le corps humain ?

Les plus savants médecins se sont fatigués vainement à chercher quelle pouvait être l'origine de la peste, ainsi que la cause de sa durée dans certains pays. Pour moi, je ne crois pas que l'on doive taxer d'erreur ceux qui en attribueraient la cause première au démon en vertu du pouvoir qu'il a sur l'atmosphère, quoique je ne prétende pas qu'on doive le regarder comme le principe de toutes les épidémies ou maladies contagieuses.

Enfin si l'ame qni n'est qu'une cause morale, peut par l'effet seul de la pensée agir sur l'imagination de manière à nuire notablement au corps, je ne vois pas pourquoi le diable avec la permission de Dieu n'aurait pas le même pouvoir.

§ IX.

La question que nous venons de traiter nous amène naturellement à celle-ci, savoir: si le démon peut commander au feu de manière à en empêcher les effets? c'est une opinion assez généralemement répandue que certains hommes ont le pouvoir d'en arrêter le progrès par leurs paroles et par leurs enchantements. Les chasseurs soupçonnent quelquefois qu'un pareil principe s'oppose à l'explosion de leur arme, lorsqu'ils voient les étincelles du silex tomber et mourir sur la poudre insensible. A coup sur de pareils effets peuvent tenir à des causes purement naturelles; car l'humidité de l'air peut produire ce phénomène comme le montre souvent l'expérience; néanmoins il ne répugne point à la raison de dire que le diable puisse, avec la permission de Dieu, opérer les mêmes effets. car s'il peut arrêter les vibrations ou ébranlements qui s'opèrent dans l'air et rassembler à son gré les vapeurs de l'atmosphère, il pourra certainement opérer sur la flamme dont l'air est l'aliment, le moteur et le directeur.

§ X.

Après avoir examiné ce que peut le démon dans l'univers en général, la discussion nous conduit à examiner quel est son pouvoir dans le corps humain en particulier. Or nous lui avons précédemment accordé le pouvoir d'agir sur les fluides subtils de la nature, tels que l'air et le feu : et en vertu de ce même pouvoir, il agira également sur ces esprits infiniment déliés qui engendrent le

6.

mouvement dans l'homme et dans les animaux, car nous savons que ces esprits actifs qui mettent en mouvement toutes les parties de notre corps, ne sont qu'un gaz extrêmement volatil qui tient en dissolution des parties sanguines et sulfureuses.

§ XI.

Nous avons montré dans ce qui précède, que le démon pourrait agir sur notre corps et sur notre ame par l'intermédiaire de ces esprits que l'on nomme animaux qui sont, non-seulement l'instrument dont une ame raisonnable se sert pour agir, mais qui sont encore le principe du mouvement dans toutes les parties du corps humain.

Nous avons examiné en premier lieu comment il peut agir sur l'ame, et nous avons dit qu'il y avait une influence spirituelle sur ses facultés purement spirituelles comme l'intelligence et la volonté. Quant à l'imagination, on peut la considérer sous deux points de vue entièrement opposées ; d'une part comme assujétie à la matière, puisque nulle impression des objets extérieurs ne peut arriver au cerveau et aucune image se peindre dans l'ame, sans l'intermédiaire des esprits animaux; d'une autre part comme en étant entièrement indépendante. C'est pourquoi l'influence du démon sur cette faculté s'étend beaucoup plus loin que sur les autres.

L'esprit ou la substance spirituelle dans l'homme réside d'une façon plus particulière dans certains organes, et le démon en les affectant intérieurement de diverses manières, nous fait éprouver des impressions semblables à celles que pourrait produire le mouvement au dehors, d'ou résultent une foule de sensations et d'idées mensongères qui vont se peindre dans l'ame comme dans un miroir fidèle.

L'observation confirme ce que nous venons d'avancer ; car on remarque une telle fascination des sens dans ceux qui entretiennent avec les démons un commerce abominable, qu'ils attribuent sans cesse à des impressions faites au dehors tout se qui se passe dans leur intérieur.

Comment se peut-il que l'imagination de l'homme puisse le tromper au point de lui faire porter des jugements aussi faux et de lui persuader que telle et telle chose existent et agissent hors de lui lorsqu'il n'en est rien ?

C'est surtout chez ceux qui sont frappés d'insomnie ou de quelque fièvre délirante qu'Helmontius appèle insomnie d'un homme éveillé, que l'on remarque plus particulièrement ce phènomène. Aussi la plupart des opérations du démon sur les sorciers ne sont elles que de pures illusions produites dans leur imagination. C'est ainsi qu'il faut considérer leurs voyages aëriens, leurs extases, leurs apparitions et leurs métamosphoses en diverses espèces d'animaux et plusieurs autres merveilles de ce genre.

Car afin de le dire en peu de mots, l'influence du démon sur les sorciers, n'est la plupart du temps qu'un songe diabolique, une action directe du démon sur leur imagination durant leur réveil.

§ XII.

Le démon n'a pas le pouvoir d'agir à son gré sur l'imagination de tous les hommes ; mais semblable en cela au reste des créatures, il agit suivant sa capacité et non pas suivant le mode d'activité qui lui est particulier. Nous en conclurons nécessairement que son action dans l'homme suppose une disposition préliminaire qui la protège et lui facilite les moyens de s'étendre.

Or l'expérience a montré que tous les individus qui
ont le sang lourd, épais et abondant, ce qui en rend la
circulation naturellement plus lente dans les diverses
parties du cerveau, sont mieux disposés à recevoir les
impressions du démon que ceux dont le sang est limpide
léger et subtil.

Des observations constantes et souvent répétées, ont
appris que les hommes qui vivent en des climats tristes,
les vieillards, les vieilles femmes, les mélancoliques hypo-
condriaques, ceux qui mènent une vie dure et grossière,
qui végètent sous un ciel froid et humide, ceux enfin qui
s'exposent dans le cours de la nuit aux brouillards qui
chargent l'atmosphère sont ordinairement bien disposés
à recevoir l'influence du démon.

C'est pour cela que l'on a donné le nom *de bain du
diable* à la mélancolie, et qu'on a appelé *mal diabolique*
ces évanouissements qui ne sont que le résultat de la
stagnation du sang dans les poumons et le cerveau.

C'est sûrement aussi la raison pour laquelle dans
l'Italie, dans la france et dans tous les pays où les hommes
passent le jour en de rudes travaux, s'adonnent à l'étude,
se plaisent dans la conversation et la Société des hommes,
on entend peu parler de sorciers et d'apparitions fantastiques, tandis que dans la Laponie, la Finlande, la Suède
où l'on mène une vie dure, ne mangeant que du poisson,
des fèves, du pain noir, de la viande fumée, comme dans
la Westphalie, le duché de Mecklenbourg, la Poméranie,
les exemples de sorciers, d'enchanteurs, d'apparition, de
fantômes et autres illusions du démon y sont très-fré-
quentes (1).

1) Il nous semblerait aussi vrai de dire que le démon trouve
plus avantageux pour lui de tromper les peuples grossiers et

La grande quantité d'actes inquisitoriaux que l'on trouve dans les archives de ces diverses contrées, prouve suffisamment ce que j'avance.

Il est encore important de remarquer ici, que le démon ne peut pas même opérer à son gré sur les sorciers, à moins que leur sang ne soit préalablement disposé à recevoir son action. C'est pourquoi quand j'allai moi-même observer dans la Westphalie ce que l'on raconte des sorciers, j'ai remarqué qu'avant de se livrer aux suggestions du démon, ils oignaient la paume de leurs mains, la plante de leurs pieds, ainsi que leurs tempes avec des huiles narcotiques composées de mandragore, de graines de lierre, de cigue, de solanum somnifère et plusieurs autres ingrédiens mêlés avec l'opium. Après quoi ils tombaient dans un sommeil profond et léthargique pendant lequel le démon opère sur leurs esprits et leur fait diverses révélations. Dans ces instans, si l'expérience qu'il a des choses lui fait connaître que tel événement fâcheux est sur le point d'arriver, que telle épidémie doit porter le ravage et la désolation parmi les hommes et les animaux, il en profite habilement pour leur suggérer qu'en faisant telle ou telle chose, il s'ensuivra tel ou tel événement,

C'est ainsi qu'afin d'augmenter parmi les hommes l'opinion de sa puissance et de ses moyens, le démon s'attribue souvent des événements qui ne sont qu'une suite du cours ordinaire de la nature.

ignorants par les illusions de la magie et des superstitions, tandis qu'il abuse les peuples éclairés par les systèmes d'athéisme et de supticisme. C'est cette raison qui fait qu'il se manifeste aux premiers et qu'il met toute son application à se cacher aux derniers.   Note de l'Editeur,

On voit d'après ce qui précède que la puissance du démon dans l'homme, est une puissance nuisible et illusoire, assujettie à de certaines lois et à une certaine disposition du sang et de tout le corps. Cependant il ne faut pas attribuer au démon toutes les illusions qui nous travaillent pendant les maladies, ou celles que procure une liqueur narcotique, à moins qu'elles ne soient accompagnées de signes extraordinaires, et que ce que nous éprouvons dans les songes tende à nous porter à nuire au prochain.

§ XIII.

On sait que les fidèles eux-mêmes éprouvent souvent de la part du démon de violentes tentations, quelquefois accompagnées du plus affreux désespoir. L'expérience montre que les plus terribles assauts ont lieu d'ordinaire aux approches de la mort, ou à différens intervalles de la maladie. J'ai eu lieu de remarquer moi-même, non pas une fois, mais fréquemment que ces tentations violentes qui portent le désespoir dans l'ame des malades (1), ont ordinairement lieu dans les maladies aigues, où le sang est poussé périodiquement vers la tête par la contraction des parties inférieures. Le malade prend alors un visage bouffi et enflammé, comme si le sang était prêt à sortir par les narines; qu'au contraire si le paroxisme vient à se résoudre, soit naturellement, soit au moyen de remèdes, tout le reste s'évanouit au même instant, et la gaîté, l'espérance et la grace de Dieu prennent une nouvelle vie

(1) Fréderic Hoffmann, parle ici des malades luthériens. En effet les protestants n'ont point le secours des sacrements pour éloigner des malades, les démons qui les tentent de désespoir aux approches de la mort.

au fond de ce cœur désespéré. Mais si le cours du sang vient à être interrompu de nouveau, la tentation recommence avec une nouvelle force.

Personne assurément n'osera attribuer de pareils phénomènes à la nature et à la seule action du sang. Car c'est surtout lorsque la nature sort des règles ordinaires, c'est à la faveur du désordre et de la confusion que le démon établit son domaine dans l'homme. En un mot, là où le mal arrive dans la nature, le démon y prend occasion d'agir ; il y applique toutes ses forces, s'en saisit volontiers comme ami de sa nature et déploie à son aide toute l'étendue de sa malignité.

Cette observation est importante non-seulement pour *le médecin*, mais encore pour le *théologien*.

§ XIV.

Le démon peut-il susciter des maladies dans le corps humain ? c'est la question que nous allons traiter.

Il ne faut point douter qu'il n'ait ce pouvoir, surtout pour les maladies qui tiennent à l'esprit; car la puissance qu'il a sur ces fluides que nous nommons impondérables, s'étend certainement à ceux qui circulent dans notre corps que nous nommons esprits animaux, lesquels selon les médecins les plus expérimentés, sont les agents des mouvements volontaires et des sensations. C'est pourquoi toutes les maladies magiques ont leurs principaux diagnosties dans les sensations et les mouvements volontaires : tantôt ce sont des convulsions horribles accompagnées de fureur, souvent des élancements de tout le corps où le malade déploie une force inimaginable, et plus souvent encore ce sont des mouvements convulsifs, des spasmes, de douleurs aigues dans toute l'habitude du corps, autant de symtômes qui démontrent jusqu'à l'évidence que le siège de ces maladies est dans ces fluides subtils dont la circulation par tout le sorps est le principe de la vie.

Nous ajouterons à ces observations l'autorité de l'esprit saint qui déclare la *fureur* la *mélancolie*, l'*épilepsie*, et *diverses affections de tout le corps* comme des maladies purement diaboliques. (*Voyez l'Ancien et le Nouveau-Testament*). Nous voyons aussi dans les saintes Écritures, par les exemples qu'elles rapportent où la démon par le seul effet de sa puissance a frappé les hommes de *mutisme*, de *surdité*, de *paralysie*, qu'il a le pouvoir non seulement de précipiter l'action des esprits animaux, mais aussi de l'arrêter à son gré.

C'est encore aussi une opinion répandue, que l'impuissance conjugale dont la cause la plus commune est l'interruption du cours des esprits animaux dans les muscles et les canaux séminaires ne peut avoir lieu qu'en vertu de quelque enchantement. Il faut encore mettre dans la même catégorie ces affections ou la peau devient absolument insensible. Enfin la *Sainte-Écriture* déclare encore que le démon a le pouvoir de nous envoyer d'affreux ulcères, ce que l'on concevra facilement en se rappelant qu'il a le pouvoir de relacher les fibres et de détruire la tension de la peau, car il favorise, par ce moyen, la stagnation du serum et de la lymphe et par suite leur décomposition en matières putrides et infectes, comme nous en avons dans Job, un exemple mémorable. Spanhémius a prouvé contre une opinion assez répandue qu'on ne pouvait en aucune manière la prendre dans un sens parabolique.

§ XV.

On trouve beaucoup de gens aujourd'hui qui ne veulent voir que des causes naturelles dans les maladies que l'Écriture-Sainte attribue au démon, parce qu'ils en trouvent de semblables dans le cours ordinaire de la nature.

Mais de ce que de semblables affections peuvent devoir leur existence à des causes naturelles, il ne s'ensuit pas qu'il ne soit pas au pouvoir du démon de les produire.

Il y a certains signes dont la connaissance est le fruit de nombreuses observations qui indiquent s'il faut chercher la cause de la maladie dans un ordre surnaturel. En premier lieu, l'Écriture-Sainte dit positivement que le démon a été la seule cause de telle ou telle maladie, tandis qu'on ne voit point qu'elle lui attribue aucune infirmité naturelle, lorsqu'elle a lieu d'en parler. Enfin ce qui n'est pas moins satisfaisant pour l'esprit, c'est que le mal s'évanouit aussitôt qu'on parvient à chasser le démon qui en est la seule cause.

Le Sauveur lui-même nous a donné un éclatant exemple que le démon pouvoit être chassé du corps humain, puisqu'au sortir de cette demeure il lui permit de s'emparer d'un grand nombre de porcs qui passaient, et soudain cet esprit destructeur les précipita tous dans la mer.

Quelques malades présentent souvent encore des symptômes qu'on ne trouve pas dans les maladies ordinaires, comme les blasphèmes, les prédictions, le développement d'une force effrayante qui leur permet de briser des chaînes de fer qui sont autant de signes irrécusables de la présence du démon.

7

§ XVI.

Toutefois, nous ne dissimulerons pas qu'il y a souvent une grande ressemblance entre les maladies purement naturelles et celles qui ont leurs causes hors de la nature. Fort souvent même les démons déguisent leurs opéra-ions sous l'apparence de quelques maux légers , afin de ous persuader que la nature seule agit en nous. (Voyez es exemples de ce genre cités par Fernel : *De abditis rerum causis, lib.* 2 , *c.* 60). Cependant ce n'est pas à dire pour cela , qu'il faille rapporter à des enchantements ou a des causes surnaturelles toutes les maladies dans esquelles il se manifestera quelque symptôme inaccou-umé ou même inconnu.

§ XVII.

Nous allons donner dans ce paragraphe des signes cer-\`ains , des caractères invariables au moyen desquels nous pourrons distinguer les maladies qui partent d'une cause surnaturelle , morale ou magique , de celles qui ne pro-viennent que de causes purement physiques ou mécani-ques , afin que nous ne soyons pas exposés à nous tromper dans une matière aussi grave. Ainsi lorsque les malades éprouvent des convulsions effrayantes , qu'ils poussent des cris lamentables et font des gestes extraor-dinaires , surtout si ces symptômes se manifestaient in-continent dans un homme sain et robuste , ce serait une raison d'y soupçonner sortilège , opération du démon. En second lieu , on est encore en droit de concevoir les mêmes soupçons toutes les fois que le malade entremêle à ses discours , soit des paroles obscènes ou des railleries des choses saintes, surtout s'il blasphème le nom de Dieu.

Enfin, l'on jugera à bon droit dans le même sens, si l'on voit des gens connus pour grossiers et illitérés *révéler des choses secrètes, prédire l'avenir, et dévoiler ce qui se passe dans les pays les plus éloignés*, comme on le voit par la Pythonisse Philippine (*Act.* xvi) : et par cet homme dont parle le docteur Camérarius, qui *appelait par leurs noms des gens qu'il voyait pour la première fois et leur racontait, non-seulement les actions de leur vie passée, mais celles même de leurs parens et de leurs amis qu'il n'avait jamais vus.* Cet homme singulier était calme lorsqu'il donnait ses prophéties; mais lorsque son esprit éprouvait quelque agitation, ses discours étaient entre mêlés d'obscénités. On trouve dans le même auteur plusieurs autres exemples dignes de fixer l'attention et traités plus en détail que ne pourrait le permettre le plan que nous nous sommes tracé.

D'autres caractères non moins frappants que les précédents, c'est *la science des langues étrangères qu'ils n'ont jamais entendues, ni apprises; des forces qui surpasseraient évidemment celles que la nature peut accorder à l'homme*; enfin un sixième caractère que nous fait connaître l'observation et qui ne laisse aucun doute sur la présence du démon, c'est lorsque après de longues et douloureuses coliques le malade vomit des corps étrangers et qu'on n'aurait pu soupçonner dans son intérieur; comme des clous, du crin, du bois, de la cire, du verre, des cailloux, des morceaux de roseaux, du papier, des os de poisson, de la laine torse, des barbes de plume etc., ou enfin s'ils rendent par les oreilles des cartes, du crin, des éguilles etc.

Nombre de médecins les plus habiles de leur temps, vivant en divers pays et à diverses époques, ont recueilli ces observations curieuses avec toutes leurs circonstances, et les ont appuyées de leur grave autorité.

On peut consulter à ce sujet Langius (*Lib.* 1, *ép.* 28). Ant. Benivenius (*De abditis morb. causis cap.* 8). Sennert (*Lib.* v, *med. p.* 9, *c.* 5) Bald. Timœus (6 *olden klec, lib.* 7, *cas medic. lib.* 4). Sebizius (*Discursus de casu adolescentis*) ainsi que Grégorius Hortius (*in addit : ad marc donati ed. nov. p.* 716). Casp. à Reics (*camp. quœst.* 97, *num.* 10). Nous recommandons également la lecture du célèbre Merklin, qui a rassemblé et ordonné dans un seul ouvrage environ soixante histoires de maladies magiques les plus dignes de fixer l'attention. Ce serait peut-être aussi le lieu d'apporter en témoignage les faits qui nous ont été rapportés par des médecins dignes de foi qui en avaient été les témoins occulaires. La discussion en serait peut-être plus complète et les médecins au moins ne pourraient plus se dispenser d'ajouter foi à ce qui en fait l'objet ; mais nous nous contenterons de choisir deux des histoires les plus remarquables entre celles qu'on pourrait citer à l'appui.

Langius (*lib.* 1. *ép.* 38), rapporte que dans un petit village qu'il désigne, Tugistal, laboureur de son état, à la suite de douleurs affreuses qu'il éprouvait dans le côté opposé aux hypocondres, sentit tout-à-coup en cet endroit sous la peau qui, d'ailleurs était saine, un clou de fer. Le médecin du lieu fit une incision, qui bien loin de calmer sa douleur ne fit que l'augmenter. Enfin ne voyant d'autre remède à son mal que la mort, cet infortuné se saisit d'un coutelas et se coupa la gorge. On fit l'ouverture de son cadavre en présence d'un grand concours de témoins, et l'on trouva à l'inspection de l'estomac un morceau de bois long et fort dur, aigu par une extrémité et dentelé sur le côté comme une scie, deux morceaux de fer grossier, dont chacun excédait la longueur d'une palme et une touffe de cheveux roulés.

Nous ne passerons pas non plus sous silence le fait merveilleux et bien constaté dont la ville d'Iéna a été témoin. La femme d'un boucher de cette ville, qui était native de Thurin, avait un jour une tête de veau parmi les différentes pièces de sa boutique. Une vieille femme s'étant présentée pour la marchander, la bouchère refusa de la donner pour quelque prix que ce fut. Sur ce, la vieille se retire sans répliquer; et la bouchère était loin d'imaginer qu'il put résulter du mal à qui que ce fut de ce qui venait de se passer.

Cependant quelque temps après, la bouchère éprouva de grands maux de tête, et comme le mal allait chaque jour en croissant, on appela en consultation le fameux docteur Stevocatius, professeur de médecine de la même ville, qui y épuisa son savoir; et dans le fait n'était-ce pas travailler en vain qu'employer des remèdes ordinaires, dans une circonstance où la nature s'écartait manifestement de son cours habituel?

Au bout de quelques jours, cette malheureuse femme rendit, enfin, par l'oreille gauche une quantité considérable de cervelle, sans qu'on put appercevoir aucune fracture ou disjonction dans cet organe. On prit d'abord ces secrétions pour de la cervelle humaine, mais en les examinant plus attentivement avec l'aide du docteur Sthoctius, qui habitait la même ville, on reconnut que c'était de la cervelle de veau, ce qui fut confirmé quelques jours après; car la malade rendit encore plusieurs petits os, qu'on reconnut pour appartenir à la tête de cet animal.

Satan se plut ainsi à tourmenter cette malheureuse pendant quelques mois, après quoi elle fut parfaitement rétablie et exerce encore sa profession dans la ville d'Iéna.

Enfin, une septième marque de l'intervention diabolique, c'est lorsque des remèdes très efficaces en toutes autres occasions contre les douleurs, les convulsions, les spasmes perdent tout-à-coup leur vertu et ne produisent aucun effet sur le malade.

§ XVIII.

Nous avons donné plus haut comme une marque certaine de l'intervention du démon dans une maladie, si les déjections se composent de matières étrangères et bizarres, et qu'on n'avait aucune raison d'attendre. Sa présence est indiquée de la manière la plus sûre par le fait même.

C'est une chose vraiment merveilleuse, et la difficulté dépasse l'intelligence humaine, que d'expliquer par quels moyens le démon peut produire de semblables phénomènes.

§ XIX.

Ce serait ici le lieu de parler du traitement de ces maladies merveilleuses; mais comme nous sommes peu expérimenté en ces matières, et que le traitement des possédés du démon nous est presqu'entièrement inconnu, nous ne dirons rien à ce sujet.

Cependant il est dans les trois règnes de la nature plusieurs remèdes en grande réputation contre les maladies magiques : mais nous ne pouvons dire si de pareils remèdes assurent la guérison. Si le sujet était mélancolique, nous recommanderions surtout l'usage de la saigné, du nitre, des sels volatils et purgatifs en général, joint à beaucoup d'exercice, qui ne manquerait pas de le débarrasser de ses fantômes et de ses apparitions fatigantes. Les anti-spasmodiques peuvent apporter un grand soulagement dans le cas où la vibration des artères et les convulsions sortiraient de la mesure ordinaire. Mais après tout, nous ne croyons faire mieux que de recommander avec le Christ, les prières et les jeûnes, pour nous débarrasser de cet ennemi acharné à notre perte.

§ XX.

Nous remarquerons en terminant cette discussion que les démons n'ont plus aujourd'hui sur la nature et le genre humain un pouvoir aussi étendu qu'autrefois; car il est de fait que de nos jours les obsessions, les enchantements et les autres prestiges de ce genre sont infiniment plus rares qu'au temps de la mission du Christ.

Les anciens Pères en donnent une raison lumineuse, en remarquant que la plupart des artifices du démon devaient s'évanouir à la venue du Christ.

Saint Athanase dit : (*De incarnat. verb. Dei, cop.* 47, *pag.* 88). Tout était plein autrefois de fausses prophéties, d'oracles, et des doctrines mensongères des hommes. A Delphes, à Dodone. en Béotie, en Lycie, en Libie, et en Égypte les oracles qui se rendaient allaient de pair avec ceux de la Pythie et faisaient l'admiration du genre humain. Mais depuis que le Christ a commencé à parler aux hommes, tous ces fameux oracles sont devenus muets, et les démons qui se plaisaient encore à tromper les hommes par des divers fantómes, qui se plaçaient près des fontaines, des fleuves, dans les bois et dans les pierres pour tendre des pièges à notre crédulité ont disparu à la venue du verbe de Dieu.

Le témoignage de Justin, le martyr confirme encore ce qui précède (*In dial. cum thyph. judeo, lib.* VII.).

Enfin, parmi les philosophes payens, Plutarque lui-même composa un livre bien remarquable intitulé : *Recherches des causes qui avaient pu faire cesser les oracles.* Il y déclare nettement qu'il est de la dernière évidence que les démons ont perdu une grande partie de cette puissance curieuse dont ils jouissaient naguère.

Et il en devait nécessairement arriver ainsi, car le Christ a été envoyé pour détruire les œuvres de Satan et pour rendre au genre humain son antique indépendance. D'où il résulte que l'esprit malin contrarié, enchaîné dans ses opérations par le bras de Dieu, a aujourd'hui sur le genre humain une influence bien moins étendue.

FIN.

OPINIONS

DES PHILOSOPHES PAYENS.

Sur les bons et les mauvais Anges.

———————

Démon signifie en grec *esprit, génie, intelligence.* Aussi les anciens comprenaient sous le nom générique de *démons* les bons et les mauvais Anges.

Apulée dit des mauvais Anges. « Ces démons ont un » corps formé des parties les plus subtiles de l'air : corps » si délié qu'il échappe à la vue des hommes la plus » perçante, à moins qu'ils ne veuillent se rendre visibles » par leur pouvoir comme divin... etc., qui affligent les » hommes... qui ont du chagrin ; passions incompatibles » avec la tranquillité des dieux du ciel... etc. »

Le même philosophe s'exprime ainsi sur les bons Anges : « Il y a, dit-il, une plus noble espèce de démons » (Anges) qui ont toujours été dégagés des liens du » corps et du nombre de ceux-ci, Platon croit que cha- » que homme a reçu comme un témoin et un gardien » fidèle pendant sa vie ; démon (Ange) que personne ne » saurait voir et qui est témoin, non-seulement de toutes » nos actions, mais même de toutes nos pensées. Platon » croit encore que dès l'instant de la mort, ce démon » (Ange) enlève l'ame et l'entraîne devant son juge ; » qu'il est présent lorsqu'elle rend compte de sa conduite, » qu'il la reprend, si elle accuse faux, qu'il confirme ce » qu'elle dit, si elle dit vrai, et que c'est sur les déposi- » tions qu'il rend, que le juge prononce (De deo Socratis). »

Empédocle, Xénocrate, Chrisippe, Porphire et bea[u]
coup d'autres philosophes payens ont reconnu qu'il exi[s]
tait de bons et de mauvais démons (Anges). (*Eusèbe c[e]*
césarée, *liv.* 13, *ch.* 9).

Mais voici ce que dit Plutarque, (*traduction d'Amiot[.]*

Il y a, dit-il, différence de vertu entre les démons..
Ces puissants et violents démons... *amènent la peste*, [la]
famine et la stérilité de la terre, aux villes *suscite[r]*
des guerres et des séditions civiles. Quant aux risées [e]
moqueries des épicuriens, il ne faut pas les craindre[,]
ajoute-t-il, attendu qu'ils ont bien l'audace d'en us[er]
de même contre la providence divine, l'appelant fable [et]
conte de vieille! Mais au contraire nous maintenons que..
s'il est loisible de se rire et moquer ès-discours de phi[-]
losophie, plutôt faudrait-il se moquer d'eux, qui s[e]
courroucent et trouvent étrange si l'on dit qu'il y a de[s]
démons, non-seulement qui apparaissent, mais aussi *q[ui]*
parlent et qui ont *leur vie* et *leur être*. (*OEuvres mêlé[es]*
de Plutarque, *pag.* 340).

SUR LES DÉMONS.

Essais de Morale, tome 5, par Nicole. — Le mond[e]
a trouvé, dit-il, un autre secret que l'apôtre sain[t]
Paul, pour se fortifier contre les ennemis invisibles don[t]
il nous décrit, dans l'épitre aux Éphésiens, la puissance et la malice. *C'est de ne le croire point, ou de n'[y]*
point penser s'ils le croient. Il est bien rare maintenan[t]
de trouver des gens frappés de la crainte des démon[s]
et qui aient quelque soin de se garantir des piéges
qu'ils leurs tendent. C'est la chose du monde à quoi l'on
pense le moins. Toute cette république invisible de dé-

mons *mélés parmi nous, qui nous voient et que ne nous
voyons point*, et qui sont toujours occupés à nous dres-
ser des pièges, à enflammer nos passions, ne fait pas
plus d'impression sur la plupart des Chrétiens, que si
c'était un conte ou une chimère. Notre ame plongée dans
les sens n'est touchée que par les choses sensibles. Ainsi
elle ne craint point ce qu'elle ne voit point. Mais ces
ennemis n'en sont pas moins à craindre pour n'être pas
craints : ils en sont au contraire beaucoup plus formi-
dables, parce que cette fausse sécurité fait leur force et
favorise leurs desseins. C'est déjà avoir fait *de grands
progrès* que d'avoir mis les hommes dans cette disposition. Comme ce sont des *esprits de ténèbres*, leur propre
effet, *c'est de remplir de ténèbres et de se cacher sous
ces ténèbres.*

PREMIER ARTICLE

SUR LE MAGNETISME ANIMAL,

Publié par le P. Hon Tisfot,

DANS L'APOSTOLIQUE, DU MOIS DE MAI 1829.

LE MAGNÉTISME ANIMAL EST UNE OPÉRATION MAGIQUE

Qu'est-ce que le *Magnétisme Animal?* C'est une opération par laquelle on rend une personne possédée du
démon, moyennant quelques *gestes*, le *regard* ou même
la *seule volonté*. Le malin esprit s'empare de la personne
magnétisée, la met dans un état de *somnambulisme* ou
de *ravissement* (1), et dans cet état parlant par sa bouche, découvre les *choses cachées, lit les yeux fermés
dans des livres fermés, dit ce qui se passe dans les
appartemens voisins, les maisons et les lieux éloignés*

---

(1) Le RAVISSEMENT DIABOLIQUE a lieu, dit le P. Surin (Guide
Spirit.), lorsque le diable se saisissant fortement de l'ame
la contraint d'une manière surprenante de vaquer à ce qu'il
veut : alors les forces naturelles du diable s'unissant à l'entendement de l'homme, il lui fait connaître le choses plus à
fond que l'homme ne le pourrait par lui-même, et suspend
ses puissances : ainsi fait-il aux personnes qu'il séduit ; elles
pensent être attirées de Dieu et elles sont trompées par l'esprit
malin. Il le fait encore en ceux qu'il possède et qu'il contraint
de recevoir les pensées qu'il veut : il les tient suspendus par
son opération ; leurs nerfs demeurent roides et leurs sens
sont perdus.

répond à la pensée etc. Tous ces signes sont indiqués dans le rituel de l'Eglise pour reconnaître les possessions du démon.

L'agent des phénomènes magnétiques est le même que dans les *pythonisses* et les oracles des payens, dans les inspirés des Kakers, dans les illuminés de Swedenborg ou martinistes, dans les convulsionnaires des jansénistes, dans les cataleptiques, les épileptiques, les léthargiques, les phrénétiques, les somnambules, les fanatiques, et toutes les personnes affectées de *ravissements* diaboliques. L'agent est le démon qui a le pouvoir de tromper les orgueilleux et tous ceux qui ne se tiennent pas sur leur garde.

La magie noire et toutes ses opérations sont condamnées explicitement et implicitement par l Église. Il n'est point nécessaire que chaque opération magique soit explicitement condamnée, parce qu'alors il faudrait recourir sans cesse à de nouvelles condamnations, les magiciens ayant la ruse de changer le nom de leurs opérations, et de les déguiser sous des apparences physiques, comme ils l'ont fait pour le *magnétisme animal*.

Les anciens magiciens employaient cette opération magique pour abuser du sexe, commettre des vols, et autres crimes. On peut voir sur cela le traité *des opérations magiques* par le P. Delrio, et l'histoire des magiciens tels que Gauffridi, Grandier et autres.

Mesmer, médecin et magicien fameux, fut le premier qui, profitant de la corruption du siècle et de l'ignorance sur les choses spirituelles qui en est toujours la suite, donna à l'opération magique dont s'agit (connue auparavant sous le nom de *maléfice somnifique*), le nom de *magnétisme animal*, s'entourra, de *baquets*, de *baguettes*

8

d'acier, de *chaînes de fer* et autres *instruments de physique*, et prétendit guérir par ce moyen, beaucoup de maladies. Les phénomènes surnaturels qu'il présenta, la guérison de quelques maladies qui eurent lieu par l'opération du démon, lui attirèrent des dupes, auxquelles il escroqua quatre ou cinq cents mille francs, et se retira ensuite dans son village en Allemagne. Dans le même temps, un autre magicien encore plus fameux, qui se faisait appeler le comte de Cagliostro, opérait par d'autres moyens de l'art magique, des prodiges bien plus extraordinaires, guérissait des malades, établissait des sociétés secrètes et escroquait aussi des sommes considérables. Celui-ci est mort dans les prisons de Rome.

L'Eglise reconnaît et condamne comme opération magique, l'opération de la baguette divinatoire, parce que c'est l'intention et la *volonté* de celui qui la tient, qui règle son mouvement (*Rituel de Toulon*). Par la même raison, elle condamne implicitement le *magnétisme animal* qui opère de la même manière et qui d'ailleurs *n'est autre que le maléfice somnifique condamné depuis des siècles.*

L'Eglise condamne en général, comme *magique* et *superstitieux*, l'emploi des moyens qui n'ont aucun rapport avec l'effet qu'on en attend (*Catéchisme de Charency*).

Les Evêques, éclairés sur cette matière, défendent la pratique du magnétisme animal dans leurs diocèses, et Mr l'Evêque de Moulins a publié un mandement qui le proscrit dans le sien.

Les directeurs des ames ne peuvent trop prémunir leurs pénitents contre cette opération magique, que les puissances infernales cherchent à propager pour attaquer la religion dans ses miracles, pour attirer la colère de Dieu sur les peuples par le crime de *magie*, qui est abominable aux yeux de Dieu, et pour propager le libertinage et la corruption des mœurs.

Deuxième article.

Environ un an après le premier article, c'est-à-dire vers la fin du mois d'avril 1830, l'un des abonnés au *Propagateur de la Vérité*, journal que publiait alors, à Paris, le P. R⁰ᵘ Tissot, fit quelques objections sur ce même sujet et demanda une réponse dans le journal. A cette occasion l'article qui suit fut publié dans le *Propagateur de la Vérité* du mois d'avril 1830 :

RÉPONSE

A quelques objections qui ont été faites sur le magnétisme animal par un de nos abonnés.

Les convulsions et autres phénomènes surnaturels qui eurent lieu dans le temps sur le tombeau du diacre Paris, dans le cimetière saint Médard, et que les jansénistes voulaient faire considérer comme des miracles, n'avaient d'autres causes que l'opération du démon.

L'opération des démons était aussi manifeste, dans les Pythonisses des anciens payens (1). Les démons qui tantôt les rendaient furieuses, tantôt les endormaient, parlaient par leurs bouches, prédisaient l'avenir et découvraient les choses cachées.

Les tremblements et les révélations de Kakers en Angleterre et en Amérique, n'ont point d'autres causes que l'opération du démon qui se fait passer pour le Saint-Esprit.

---

(1) LES DIEUX DES NATIONS SONT DES DÉMONS, dit le Saint-Esprit, par bouche du Psalmiste.

On sait encore que les sauvages de l'Amérique septen-
trionale, n'entreprennent rien sans consulter le diable
qui se manifeste journellement à eux et se fait appeler le
grand esprit.

L'ame est unie au corps de l'homme pendant la vie,
et c'est de cette union que résulte l'action de l'ame sur
le corps auquel elle est unie. Mais l'ame n'a pas d'action
immédiate sur les corps étrangers. C'est pour cette raison
que les meilleurs casuistes condamnent comme magique
l'opération de la baguette devinatoire, parce que c'est
l'intention et la *volonté* de celui qui la tient, qui règle
son mouvement, et par conséquent l'effet ne répond pas
à la cause. Saint Ligori dans sa théologie et les docteurs
qu'il cite donnent encore beaucoup d'autres raisons.

Au surplus, l'Église a indiqué dans le rituel romain,
les signes auxquels on peut reconnaître l'opération des
démons dans les possédés, et ces signes sont : *Découvrir
des choses cachées ; prédire l'avenir, parler des langues
inconnues, avoir des forces au-dessus des forces naturelles* etc. (1), et tous ces *signes* se rencontrent dans les
personnes magnétisées.

Il n'est pas nécessaire, pour produire des effets magiques, d'invoquer les puissances infernales. Il suffit de
vouloir produire ces effets et d'employer les moyens et
les pratiques enseignées par les magiciens et les sorciers.
C'est de là que résulte le pacte *tacite* ou *implicite* avec

---

(1) Une marque infaillible de possession, c'est lorsque le
démon, ayant long-temps agi et parlé dans une personne, il
ne reste à cette personne aucune idée, ni de ce qu'elle a dit,
ni de ce quelle a fait tandis qu'elle était agitée par le démon.
(Catéchisme spirituel du P. Surin, 6e partie, ch. 7).

le diable. Les démons sont bien aises de cacher leurs voies, et ils ne sont point fâchés que l'on fasse un usage profane de la prière et des œuvres de piété en les faisant intervenir dans les opérations magiques. Personne n'ignore que dans le peuple ignorant de la Religion, surtout dans les pays hérétiques, il y a toujours des personnes qui guérissent par des prières et des pratiques superstitieuses, des maladies incurables par les remèdes naturels. Il y en avait autrefois un très-grand nombre chez les payens et maintenant encore, presque toute la médecine des sauvages consiste en des opérations magiques. Dans tous les temps, l'Église a considéré ces guérisons comme étant l'effet de l'opération des démons. Il n'y a qu'à lire sur ce sujet les Pères de l'Église et les docteurs théologiens qui ont traité cette matière.

L'Église a condamné, en général, toute opération magique ou superstitieuse, et il n'est pas besoin d'autre condamnation contre le magnétisme animal. L'Église condamne la chose et non pas le nom. Il suffit que les Évêques, les confesseurs, et les directeurs reconnaissent, après avoir consulté les auteurs approuvés, qu'il y a *magie*, *sortilège* ou *superstition* dans les pratiques qui leur sont dénoncées, pour qu'ils aient l'obligation de les proscrire et d'imposer pénitence. S'il était nécessaire que l'Église fulminât un décret particulier pour chaque espèce de *maléfice*, de *sortilège*, *d'opération magique* ou de pratique superstitieuse, on n'en finirait point. Ce serait même une véritable dérision parce que les *magiciens*, les *sorciers* et les personnes superstitieuses n'auraient qu'à changer le *nom*, ou quelque chose dans *la forme* de leurs opérations diaboliques, pour les soustraire à la condamnation, chaque fois qu'on les dénoncerait. Le

S.

maléfice somnifique a été employé dans tous les siècles par les magiciens et les sorciers pour commettre des vols, des assassinats et des impuretés affreuses. Mesmer, médecin et magicien allemand, imagina de profiter de l'ignorance et de l'incrédulité du siècle dans les choses spirituelles, pour présenter le *maléfice somnifique* comme une opération de physique et comme un moyen de guérir les maladies. Il n'eut pour cela qu'à changer le nom de ce maléfice et il l'appela *magnétisme animal ;* il changea encore quelque chose dans la forme. Les anciens magiciens et sorciers employaient la *volonté*, le *regard*, le *geste*, *l'attouchement* quelquefois ils allumaient chez eux des chandelles faites avec de la graisse de morts, d'autres fois ils employaient des ingrédients et des substances naturellement somnifères, mais auxquelles le diable joignait son opération. Mesmer employa des baquets, des baguettes, des chaînes de fer etc., pour lui donner quelque apparence physique. Il inventa des fluides qui n'ont jamais existé que dans l'imagination de ses dupes. Enfin après avoir escroqué, en France, quatre ou cinq cents mille francs, il se retira dans son village en Allemagne, où il mourut ignoré, le 5 mars 1815.

Maintenant les *magnétiseurs* n'emploient comme les anciens magiciens et sorciers que la *volonté*, le *regard*, ou le *geste* ou *l'attouchement ;* la cause, la forme et les effets du *maléfice somnifique* et du *magnétisme animal* sont identiquement les mêmes. Il serait donc absurde de dire que l'Église n'ayant point porté de décret particulier contre le magnétisme on peut magnétiser sans péché.

Deux pièces justificatives.

1° A l'époque désastreuse de la rentrée de Napoléon à Paris au mois de mars 1815, je quittai la ville de N.... où j'avais été appelé comme membre du conseil général du département de...... et je me dirigeai vers Bordeaux où s'organisaient des moyens de résistance.

Un de mes neveux était avec moi dans la voiture qui devait me porter de N..... à Bordeaux , se trouvait M. A... qui fuyait de.... emmenant avec lui sa femme et un enfant de cinq à six ans. Arrivés à..... nous unîmes notre sort et nous convînmes de faire route ensemble.

Chemin faisant , je m'aperçus que notre petit compagnon , l'enfant de M. A.... était somnambule magnétique, et qu'il était mis en cet état par son père et sa mère. Ma présence ainsi que celle de mon neveu, gênaient nécessairement pour cette opération, et Mr A..... qui, cependant, pensaient que nous étions étrangers aux connaissances magnétiques. Je ne crus pas devoir les laisser dans cette persuasion ; je leur dis que je voyais ce qu'ils croyaient n'être pas aperçu et que j'avais quelques connaissances sur cette matière. Dès cet instant, ils ne craignirent plus d'opérer devant moi et je pus prendre part aux effets qu'ils produisaient.

Depuis long-temps il ne m'était plus permis de révoquer en doute les effets du magnétisme ; mais l'utilité de ces effets m'était peu démontrée et leur cause m'était tout-à-fait inconnue. Cependant, ce que j'en avais vu et ce que j'en avais entendu raconter m'avaient fait soupçonner que cette cause pouvait émaner d'un mauvais principe. Mais la difficulté qui existe à discerner le vrai du faux m'avait laissé dans un état de défiance, qui m'in-

terdisait toute part active aux opérations magnétiques
Cette crainte pour moi-même ne pouvait pas me laisser
indifférent sur ce qui se passait devant mes yeux. M. et
Mme..... pleins de confiance dans les paroles de leur
enfant magnétisé, pouvaient être victimes d'une erreur,
je désirais qu'ils pussent être éclairés, ainsi que moi-
même, profitant de l'occasion qui se présentait.

Voici comment je m'y pris pour pénétrer le mystère
que je voulais approfondir.

L'enfant dormait ; je demandai au père la permission
de l'interroger : il y consentit. Alors plein du désir de
connaître et faire connaître la vérité, je fis un signe de
croix sur la tête de l'enfant et je lui dis :

« Au nom de Jésus-Christ, réponds moi. Est-ce le bon
» ou le mauvais esprit qui te fait parler? *Le mauvais*
« *esprit* répond l'enfant. — Quel est son but, repris-je?
» Ne serait-ce pas en opérant des choses merveilleuses
» de tâcher d'infirmer les miracles de Jésus-Christ?
— *Oui*, me dit-il. »

Le père et la mère restèrent stupefaits....

L'opinion sur le magnétisme, même dans les gens
sensés étant peu formée, j'ai cru qu'il était important de
faire connaître tout ce qui peut servir à la fixer. C'est
pour contribuer à faire arriver à ce but, que j'ai cru
devoir écrire ce que *j'ai vu et entendu.*

B. F.

2° Je soussigné A. J. X. Macartan, ancien médecin
des armées du Roi et de l'émigration, réfugié à Londres,
certifie avoir conservé intact dans ma mémoire ce qui
suit :

» Vers le commencement de ce siècle, un ancien con-
sciller du parlement de Bordeaux (M. de Prune), adepte

onnu du magnétisme animal, eut à Londres plusieurs
séances publiques dans lesquelles une jeune anglaise, âgée
de 20 à 25 ans, très-connue sous le nom de Miss Gréen,
fut mise par lui en état de somnambulisme. Consultée
dans cet état sur la maladie inconnue jusqu'alors d'un
enfant dont je connaissais la famille, elle répondit que
c'était le scrophule et prescrivit de l'onguent de limaçon
pour panser ses ulcères. J'ai vu de mes yeux, touché de
mes mains la prescription, qui me parut très bien faite,
et je constatai que la maladie de l'enfant était effectivement scrophuleuse. Cette double circonstance parut d'autant plus surprenante que la demoiselle Gréen n'avait,
ni avant, ni après cette séance, aucune espèce de connaissances médicales, ni pharmaceutiques, et qu'elle ne
conserva pas la mémoire de ce qui s'était passé dans ses
crises. Il s'ensuivit, dans Miss Gréen, un état de fatigue
et d'épuisement extraordinaire. Mais bientôt effrayée et
humiliée d'avoir servi d'instrument à des manœuvres
dont l'effet surhumain ne pouvait être attribué ni au
magnétiseur aussi peu instruit qu'elle en médecine et
en pharmacie, ni à Dieu qui ne peut prêter sa puissance
miraculeuse aux désirs d'une crédulité superstitieuse,
cette nouvelle convertie en conçut un chagrin auquel on
attribua sa mort, arrivée peu après.

A son tour, le magnétiseur tomba malade et réclama
mes soins. Dès ma première visite je lui témoignai mon
étonnement de ce qu'il recourait à moi, lui qui d'un clin-
d'œil et comme d'un coup de baguette, pouvait faire un
médecin expert d'une personne aussi étrangère à cette
profession, que je l'étais moi-même au magnétisme
animal. C'est, me dit-il, ce qul doit vous convaincre que
le magnétisme auquel j'ai honte de m'être voué si long-

temps, n'est qu'une *jonglerie diabolique* et le somna
bulisme magnétique une *véritable profession du dém*
qui fait *servir les organes* du magnétisé à des effets s
naturels, que la crédulité attribue à des proprié
occultes du magnétisme animal. — Vous ne croyez d
pas, répartis-je, que ces effets soient naturels? —
plus, me répondit-il, qu'il n'est naturel de donner
qu'on n'a pas soi-même; pas plus qu'il n'est naturel
deux amis, l'un a Paris, l'autre à Lyon, sachent à l'i
tant même et à volonté ce que chacun fait en ce mom
Or, je vous atteste que je connais deux dames dans
cas là. — Mais, lui dis-je, parce qu'un fait est sur
turel, doit-on pour cela l'attribuer au diable? Oui, s
doute, ajouta-t-il, lorsqu'il est impossible de l'attrib
à Dieu. Et comment croire qu'il intervienne dans
scènes si irréligieuses et ordinairement si indécent
N'a-t-on pas eu la preuve que des dames qui avaient
leurs maris guillotinés presque sous leurs yeux, m
en crises par des magnétiseurs libertins, avaient fini
les recevoir dans leurs bras, persuadées par l'illusion
bolique qu'elles y tenaient leurs époux rappelés à la

» Voilà, sinon mot à mot, du moins en substance
que j'ai recueilli des témoins du somnambulisme de
Gréen et de la bouche même de M. de Prune, ex
magnétiseur. Comme il fut guéri de la maladie dont j
traitai, et qu'après il a donné des preuves d'une vie
gieuse et sage, je ne doute point que s'il est encore e
tant, il ne puisse confirmer lui-même ce que j'attest
sur mon honneur, avec une entière conviction que ce
est conforme à l'exacte vérité.

A Lille (Nord), ce 7 janvier 1826.
A. MACARTAN. D. M.

TROISIÈME ARTICLE

DU PÈRE HILARION TISSOT,

CONTRE LE MAGNÉTISME,

Publié dans l'Apostolique du 31 juillet 1829.

——✦——

LE MAGNÉTISME ET LES MAGNÉTISEURS.

——✦——

En 1398, le 19ᵉ jour de septembre, la faculté de théologie de Paris, fit cette notable censure contre les super-
tions : « Le chancelier de l'Église de Paris et la faculté
de théologie de Paris, notre mère, souhaitent à tous les
zélateurs de la foi orthodoxe, qu'ils mettent leur espérance en Dieu et dans la pureté de son culte, et qu'ils
ne regardent pas les vanités et les folies pleines de
mensonges. Les honteuses erreurs qui sont nouvelle-
ment sorties de leurs anciennes retraites, nous ont fait
ressouvenir, qu'encore que les vérités catholiques
soient ordinairement assez connues des théologiens, et
de ceux qui s'appliquent à l'étude des saintes lettres,
elles ne le sont pas néanmoins du reste des hommes.
En effet, chaque science a cela de propre, quelle se
laisse comprendre à ceux qui s'y exercent : c'est ce qui
a donné lieu à la maxime qui dit, qu'en matière de
science, il faut croire ceux qui y sont habiles et à ces
paroles d'Horace que saint Jérôme a employées dans
l'épître à Paulin : *Les médecins promettent ce qui
dépend de la médecine, et les artisans ce qui dépend
de leur art.* »

»Mais la théologie et les saintes lettres ont cela de par
ticulier, qu'elles ne dépendent *ni de l'expérience, ni de.
sens*, comme les autres arts, et que *les personnes vi
cieuses* ne les peuvent facilement comprendre, *à caus
que leur malice les aveugle*. Voilà pourquoi l'apôtre re
marque que plusieurs se sont *égarés de la foi*, par leu
avarice, qu'il appèle pour ce sujet une *idolâtrie*. Le:
autres sont tombés en toute sorte d'impiété et d'idolâtrie
selon le même Apôtre, à cause de leur ingratitude
*parce qu'ayant connu Dieu, ils ne l'ont pas glorifi
comme Dieu*. Les *plaisirs déréglés de la chair*, on
porté Salomon *à l'idolâtrie*, et Didon *à la magie*. D'au
tres y ont été poussés *par une curiosité pleine d'orgueil*
et par le *désir trop empressé de savoir les choses à venir*
d'autres se sont appliqués à des pratiques superstitieuse.
et impies par une misérable timidité qui dépendait abso
lument du lendemain, comme Lucain l'a observé du fil:
du grand Pompée et que les historiens le témoignent d
quantité d'autres personnes. D'où il arrive que le pécheur
s'éloignant de Dieu, se tourne du côté des *vanités* et de
folies trompeuses et mensongères, et que devenant impru
demment et publiquement apostat, *il prend le parti d
démon*, qui est le père du mensonge. »

» C'est ainsi que Saül en usa, lorsqu'après avoir été
abandonné de Dieu, il consulta la Pythonisse à laquell
il avait été auparavant si contraire. C'est ce que fit Ocho
sias, lorsqu'ayant méprisé le Dieu d'Israël, il envoy:
consulter le Dieu d'Accaron. Enfin c'est ainsi qu'il fau
de nécessité qu'il en arrive à tous ceux qui ne pouvan
montrer par leur foi, ni par leurs œuvres, qu'ils adoren
le vrai Dieu, *méritent d'être trompés par les faux dieux
Voilà pourquoi, considérant que cette maudite et cett

monstrueuse abomination des folies pleines de mensonges et d'hérésies se fortifie dans notre siècle, et voulant empêcher de toutes nos forces qu'une si horrible impiété et une contagion si pernicieuse ne corrompent notre royaume très-chrétien, qui a autrefois été sans monstres, et qui, par la grace de Dieu, en sera, il faut l'espérer, toujours exempt ; nous souvenant en outre de notre profession, et étant animés du zèle de la loi de Dieu, nous avons résolu de noter et de condamner les articles suivants, afin qu'à l'avenir personne ne s'y trompe.

En quoi nous avons suivi, entr'autres, cette parole que le très-sage docteur saint Augustin a avancé touchant les pratiques superstitieuses : « Ceux qui ajoutent foi aux
» magiciens et aux enchanteurs, et ceux *qui les consul-*
» *tent, ou qui les font venir dans leurs maisons, doi-*
» *vent savoir qu'ils ont perdu la foi chrétienne et la*
» *grace de leur baptême* ; qu'ils sont des infidèles et des
» apostats, c'est-à-dire ennemis de Dieu, et qu'ils se
» sont attirés la colère de Dieu pour toute l'éternité à
» moins qu'ils ne retournent à lui par la pénitence que
» l'Église leur imposera. » Voilà comme parle ce père de l'Église et savant docteur. (*Trait. des superst.* liv. 1er).

On distingue d'ordinaire trois espèces de maléfices : *Le maléfice somnifique, le maléfice amoureux*, et le *maléfice ennemi*.

Le maléfice somnifique se fait par le moyen de certains breuvages, de certaines herbes, de certains charmes, et de certaines pratiques dont les sorciers se servent pour endormir les hommes et les bêtes, afin de pouvoir ensuite plus facilement *empoisonner, tuer, voler,* commettre des *paillardises,* ou enlever des enfants pour faire des sortilèges. (*Ibid.*)

9

On voit par ce qui précède, que, dans tous les siècles, les magiciens ont endormi les hommes, les femmes, les filles ; les ont rendus léthargiques ou somnambules pour les voler, les assassiner, les empoisonner et commettre des impuretés abominables ; et qu'ils employaient pour cela des *charmes* et certaines *pratiques*. Hé bien ! c'est ce que les magnétiseurs font encore.

Tibule, dans une de ses Élégies, raconte qu'éperdument amoureux d'une dame dont le mari était très-jaloux, il eut recours à une habile sorcière qui, après quelques conjurations et beaucoup de cérémonies, le fit jouir de cette dame sous les yeux même du mari, qui ne vit ni l'infidélité de sa femme ni les attentats de Tibule. Il fallut bien que la sorcière eut, par ses opérations magiques, endormi le mari de cette dame.

EXTRAIT

DU *PROPAGATEUR DE LA VÉRITÉ*,

Du mois d'avril 1830.

Monsieur le rédacteur du PROPAGATEUR DE LA VÉRITÉ,

Je vous prie de vouloir bien insérer, dans un de vos plus prochains numéros, l'article suivant sur le Magnétisme.

Agréez, Monsieur, etc. J. P., *desservant de.* .

Le magnétisme animal est-il ou n'est-il pas licite? Pour nous, nous tenons avec les saints prélats qui l'ont déjà flétri de leur censure; avec le *Propagateur* et l'*Apostolique* qui se sont justement déclarés ses ennemis : avec tous les vrais catholiques qui s'affligent à bon droit de ses progrès désastreux, que le magnétisme animal n'est et ne peut être qu'une œuvre diabolique et par conséquent illicite et criminelle.

Nous posons en principe que tout ce qui est surnaturel ne peut venir que de Dieu ou du démon. Nous ne pensons pas que ce principe puisse être contesté. Si donc il est démontré que ces effets du somnambulisme magnétique sont surnaturels, et d'un autre côté il est démontré que ces effets ne peuvent avoir Dieu pour cause, il ne restera plus d'autres moyens que de les attribuer au démon.

Or nous prétendons : 1° que les effets observés dans le somnambulisme magnétique sont surnaturels ; 2° que ces effets n'ont point ni ne peuvent avoir Dieu pour cause.

Et d'abord nous disons que les effets du magnétisme sont surnaturels. Pour mieux le montrer, exposons quelques-uns de ses effets. Il est constant par une foule d'expériences que les personnes soumises à l'action du magnétisme lisent dans la pensée de ceux qui les environnent, de ceux surtout qui les ont mises en crise ; il est constant qu'elles obéissent aux commandements purement intérieurs qu'on leur fait ; il est constant que malgré l'ignorance entière où elles ont toujours été de l'anatomie, de la pathologie, de la thérapeutique et de la pharmacie, que malgré leur ignorance absolue des expressions propres à ces sciences, expressions d'ailleurs toutes, ou presque toutes dérivées du grec, dont elles n'ont jamais reçu aucune connaissance, les personnes magnétisées, pendant tout le temps que dure leur état de somnambulisme, sont alors de vrais anatomistes, connaissant tous les ressorts cachés de la machine de notre corps, les appelant par leurs noms propres et modernes ; de vrais médecins qui découvrent et appellent par leur véritable nom des maladies difficiles et occultes et que ne pouvaient pas même soupçonner les hommes de l'art les plus exercés en médecine ; qui prescrivent les remèdes à employer contre ces sortes de maladies, mais avec une telle précision que les plus fameux médecins ne pourraient mieux faire. Enfin de vrais pharmaciens, à qui il ne manque que de confectionner eux-mêmes les médicaments qu'ils indiquent. Or, comment les expliquer par des causes naturelles? Est-il naturel, par exemple, qu'un paysan qui n'a jamais connu que sa bêche ou sa charrue, devienne tout d'un coup un docteur en médecine, un omni-loqui-langue, si je puis franciser ce mot pour lui faire indiquer quelqu'un qui aurait la faculter de parler toute espèce de langue? Certainement c'est ce qui n'est pas facile à concevoir. Aussi a-t-on recours à je ne sais quel fluide pour expliquer tous ces différents phénomènes. Mais que deviendra alors ce bel édifice de paradoxes, si l'on démontre que ce fluide dont on suppose si gratuitement l'existence, non plus que tous les autres fluides possibles, ne peuvent rendre raison des effets du magnétisme? Or, c'est encore ce que nous prétendons. Supposons, en effet, tel fluide qu'on voudra, existant ou possible. Il faudra toujours reconnaître et avouer que qui dit fluide, dit matière; qui dit matière, dit chose incapable de pensée, de science par conséquent, dit enfin néant d'intelligence. Or, néant d'intelligence ne peut porter par soi intelligence de rien. Tel fluide qu'il plaira d'imaginer ne peut donc jamais porter intelligence de rien. Cependant il y a surcroit d'intelligence, il y a même une science profonde apportée tout-à-coup dans les personnes magnétisées. D'où peut donc venir cette science, cette intelligence; d'un fluide? Mais il est reconnu qu'aucun fluide possible ne peut porter intelligence de rien?

Je conçois à merveille qu'il est certaines substances, comme le vin, le café, le thé etc., qui peuvent, en excitant la circulation du sang, aider notre ame à prendre un plus grand essor, mais il n'y a rien de commun entre tout cela et les effets du magnétisme. Là en effet, c'est mon ame qui rentre dans sa véritable sphère, qui se replic sur elle-même, qui a la conscience des vérités que

Dieu lui a données, et sur lesquelles elle applique mon intellect. Ici, au contraire, ce n'est point en se repliant sur elle-même; car elle ne pourrait découvrir que des vérités purement intellectuelles, ou se remémorer les choses antécédemment apprises; mais en tombant sous une puissance visiblement supérieure, qu'elle acquiert la connaissance des faits qu'il lui serait naturellement impossible d'avoir, dans les circonstances où elle les a. D'où il est indubitable que les effets du magnétisme sont surnaturels.

Cette conséquence facile, ce nous semble à tirer, l'a été en effet par des personnages d'un vrai mérite, et qu'on est fâché de voir encore donner dans la pratique d'un moyen qui devrait au moins leur paraître suspect. Ils devaient examiner si ces effets qu'ils reconnaissaient pour être surnaturels venaient de Dieu ou du démon. S'ils avaient voulu se donner la peine de faire cet examen, ils auraient reconnu que Dieu ne peut en être l'auteur, ainsi que nous allons tâcher de le démontrer, pour compléter tout ce que nous avons annoncé.

Les effets du magnétisme sont surnaturels comme nous venons de le voir. Peuvent-ils venir de Dieu? Assurément non. Pour que Dieu soit l'auteur d'un fait, ou autrement pour qu'un fait surnaturel soit divin, disent tous les théologiens, il faut que ce fait soit bon dans sa substance, dans sa fin et ses circonstances, le tout réuni. Hors de là, le fait est diabolique. D'après ce principe, le magnétisme est-il divin? Le magnétisme et ses suites sont-ils des faits qu'on puisse appeler bons dans leurs substances, leur fin et leurs circonstances? En lui-même, au contraire, le magnétisme n'est-il pas un moyen de se livrer au libertinage? Que d'indécences souvent dans les circonstances

qui accompagnent ces sortes d'opérations ! que d'impuretés n'ont pas été le but et la fin d'une opération magnétique ! que de dangers au moins de séductions ! dangers
si grands et si bien reconnus, qu'on avoue sans difficulté
dans le monde que le magnétisme est un moyen pernicieux entre les mains de la jeunesse. Certes, de pareils
faits ne viendront jamais ni ne peuvent venir de Dieu.
D'où il suit que le magnétisme n'est point divin ; mais au
contraire, c'est une œuvre diabolique comme nous l'a-
vions avancé et comme il reste prouvé.

MAGNÉTISME ANCIEN.

—

Nous trouvons dans un vieux livre imprimé en 1611, *il y a, par conséquent,* 250 *ans, ayant pour titre* Controverses magiques, *page* 33, *ce qui suit :*

Si tels effets de magie ressemblant aux miracles, peuvent procéder de la complexion naturelle de l'homme?

» Il y a eu quelques-uns autrefois, et s'en trouve encore aujourd'hui qui sont de cette opinion. Avicenne * entre les autres, attribue ce pouvoir à l'homme à raison de l'ame. Car il croit qu'à l'intellect bien disposé et relevé par-dessus la matière, toutes choses matérielles célestes et terrestres, simples et composées, rendent obéissance. Ce que s'il entend de l'obéissance morale, c'est une pure folie ; parce qu'il n'est propre qu'à ce qui est doué de raison : si de la naturelle, c'est contre les règles de la philosophie ; parce qu'il n'y a maintenant aucune subjection de la créature spirituelle à la corporelle, ni d'une espèce à l'autre, si ce n'est à raison de l'action et passion pour laquelle ce qui est plus faible est contraint de céder au plus fort. Mais cette obéissance dont ce médecin arabe semble parler, est universelle, due et rendue par les créatures à Dieu seul, à raison de sa toute puissance. A bon droit donc les théologiens réfutent-ils cette rêverie.

» D'autres attribuent cette efficace à certain particulier

---

* Avicenne, philosophe athée et médecin arabe. Il fut le médecin et le visir du Sultan Cabous; il mourut de ses débauches l'an 1056. Il a laissé quelques ouvrages de médecine.

empéramment du corps. Car ils feignent un certain tempéramment d'égalité résulter d'une mixtion d'humeurs et
qualités actives égales en poids ; duquel témérairement
ls assurent que celui qui est doué , peut faire des mira-
les : et par un *blasphème très-impie prétendent que
notre Seigneur Jésus-Christ a fait tous les siens par la
vertu de ce tempéramment.*

» Mais Codronchus , médecin , et Michel Medina mon-
rent assez amplement que cette opinion est *ridicule* et
en tout *impie*. Quant à moi, j'ai toujours cru que tel tempéramment répugnait à toute bonne philosophie , comme
inventé pour favoriser seulement la complexion du corps
humain.

« D'où je conclus *que nul ne peut naturellement naître ou médecin ou sorcier.* Car si cela convenait à quelqu'un à raison de l'espèce , tous seraient tels : s'il ne
convient à raison de l'espèce quelles conditions indivi-
dues sont-ce, qui peuvent naturellement douer le suppot
de cette qualité ? »

Nota. On voit, par ce qui précède, que les effets que les
athées et les magiciens d'autrefois attribuaient les uns à
l'intellect bien disposé, les autres à un certain tempéramment d'égalité, résultant d'une mixtion d'humeurs et qualités
actives égales en poids, les athées et les magiciens de ces derniers temps, l'attribuent à un fluide qui n'a jamais existé,
ou à un sens interne dont l'existence est aussi imaginaire que
ce prétendu fluide. On voit encore que l'audace impie des
athées de nos jours, d'attribuer au magnétisme les miracles
de Jésus-Christ et des Apôtres, n'est qu'un réchauffé du médecin Arabe qui, comme nous l'avons dit, mourut de ses débauches l'an 1056.

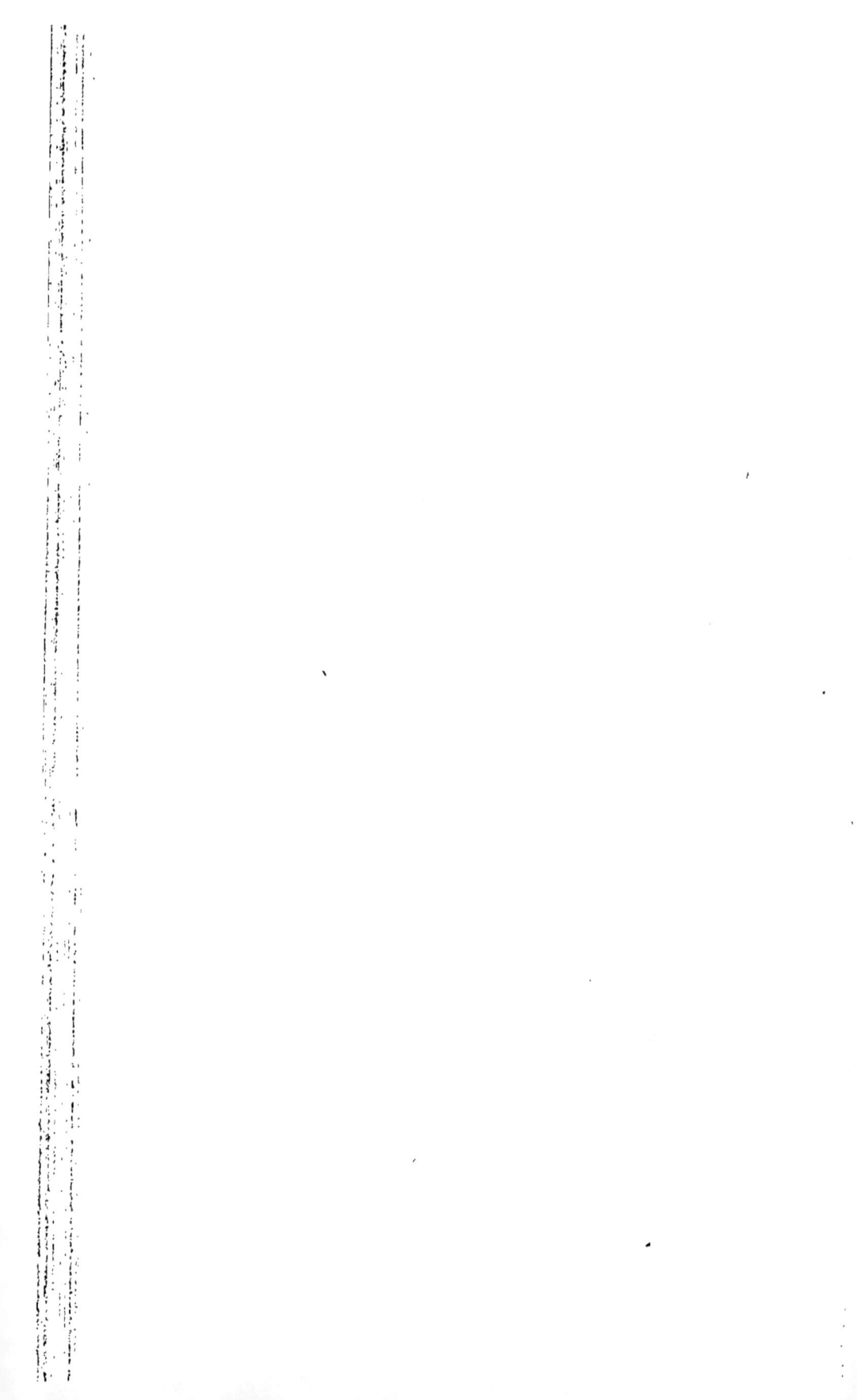

ANALYSE

DE L'OUVRAGE INTITULÉ :

RECHERCHES PSYCHOLOGIQUES

R LA CAUSE DES PHÉNOMÈNES EXTRAORDINAIRES
OBSERVÉS CHEZ LES MODERNES VOYANTS,
IMPROPREMENT DITS SOMNAMBULES-
MAGNÉTIQUES,

OU

CORRESPONDANCE

SUR LE MAGNÉTISME VITAL,

ntre un solitaire et M. Deleuse, biblio-
thécaire du muséum à Paris.

uvrage destiné aux progrès de la science de l'homme
et dédié à la mémoire de M. Deleuse.

Par G. P. Billot,

DOCTEUR EN MÉDECINE,

Associé-Correspondant de plusieurs Sociétés savantes.

PRÉFACE.

—

» Un livre n'est que la manifestation d'une pensée et le développement des preuves données pour la faire considérer comme une vérité. La mienne, en écrivant cette correspondance et les observations qu'elle contient, a été de faire connaître que les somnambules magnétiques sont dirigés par des intelligences spirituelles, tout-à-fait distinctes de l'homme, qui agissent sur eux d'une manière tantôt occulte, tantôt patente. Ce fait prouvé, mon but est atteint.

J'atteste de nouveau l'exactitude des faits que je raconte. Quant aux inductions que j'en tire, aux causes que je puis assigner, aux hypothèses que je fonde sur eux, je ne les donne que comme mon opinion personnelle qui, sujette à erreur, peut être dans le cas d'être rectifiée. Aussi je me soumettrai toujours et de bonne foi, aux décisions que l'autorité compétente pourrait rendre à ce sujet. Mais quelles qu'elles soient, elles n'infirmeront point l'existence des faits que j'ai eu l'intention de rendre publics : Ainsi, alors encore la tâche que je me suis imposée serait remplie.

Cette publication sera donc toujours utile; elle aidera les amis de la vérité à confondre les matérialistes; elle dévoilera aux partisans du magnétisme la vraie cause de ses phénomènes; et au lieu de le condamner sans le connaître, comme l'ont fait plusieurs écrivains, on pourra l'apprécier, et ensuite le juger avec connaissance de cause. Car avant de prononcer hautement que les somnambules sont les agents du démon, il faut prouver contre les matérialistes, qu'il existe des esprits et que l'homme possède une ame spirituelle. Il faut prouver encore que l'homme peut avoir des communications avec des esprits, que les somnambules en ont, et qu'ils sont influencés et dirigés par eux. Cela fait, il ne reste plus qu'à décider si les esprits qui dirigent les somnambules sont essentiellement bons ou mauvais ; mais cette question est du domaine de la théologie, elle est de plus nouvelle, et l'autorité compétente ne l'a point résolue.

Ainsi, jusqu'à présent, j'ai cru et je crois que les guides ordinaires des somnambules sont des bons Anges ; mais si mes opinions venaient à être condamnées par ceux qui en ont le droit, je me soumettrai sur le champ ; car avant tout, je songe à sauver mon ame, et je ne voudrais pas la perdre pour avoir la consolation éphémère de guérir et de conserver des corps mortels.

Introduction.

Depuis plus d'un demi-siècle, on parle du magnétisme animal et des phénomènes qu'il produit : on a beaucoup écrit pour et contre ; mais il est encore jusqu'à ce jour un grand mystère, et pour ses adhérents et pour ses détracteurs. Il n'en saurait être autrement, attendu que ni les uns ni les autres n'en connaissent la cause. Les progrès que plusieurs parmi ses partisans prétendent qu'il a fait sont nuls, et ce qui le prouve, c'est qu'il n'y a point de fixité dans la doctrine de ceux qui le défendent, ni de fondement solide dans les raisons de ceux qui le condamnent.

Il faut néanmoins convenir que le nombre de ceux qui nient son existence et ne le considèrent que comme le produit d'une imagination en délire, a grandement

10

diminué, surtout parmi les personnes sensées ; et l'Académie royale de médecine en nommant, dans son sein, une commission spéciale pour en examiner les phénomènes et rechercher leur cause, a par ce fait, reconnu son existence, et l'a pour ainsi dire, absous de la réprobation obligée, dont l'ont flétri long-temps, ceux qui professent l'art de guérir.

Je dois en faire l'aveu, j'ai, pendant bien des années pensé et agi comme mes confrères ; mais, comme tant d'autres, je me suis enfin rendu à l'évidence ; et si je cherche en publiant cet écrit, à faire partager mes convictions, c'est que j'espère que mes semblables en retireront comme moi de grands avantages et pour la vie présente et pour la vie avenir ; car cette vie existe pour l'homme, quoiqu'en dise la philosophie du jour. »

Le docteur Billot raconte comment il fut initié dans les mystères du magnétisme par M. Roland. Il dit ensuite que M. Roland ayant réfléchi sur les phénomènes du magnétisme, a quitté le monde pour se consacrer à Dieu, et qu'il est aujourd'hui un des respectables ministres de ses autels. Le docteur Billot ajoute que M. Roland avait cessé toute relation avec les magnétiseurs ; car dit-il, bien avant que de recevoir le premier des ordres sacrés, des motifs, que je respecte, le déterminèrent à ne plus s'occuper du magnétisme..... Mais de ce qu'il est *incontestable que le démon peut se présenter, et ne se présente en effet que trop souvent au somnambule*, M. Roland en conclut que l'homme ne devant point s'exposer à avoir aucun rapport avec les Anges de ténèbres, il fallait s'abstenir d'une telle pratique, non-seulement pour ne point être le jouet de l'adversaire, mais encore pour ne point tenter Dieu. (*p.* VII.)

» Mon but, dit le docteur Billot (*p.* xii), a donc été d'établir par des faits éminemment positifs : »

1º « Que l'influence que l'homme exerce sur l'homme, par l'action magnétique, vient d'un auxiliaire ou inconnu ou méconnu, et dont la présence peut seule donner la solution des phénomènes magnétiques ; »

2º « Que c'est à cet auxiliaire que l'on doit attribuer le sommeil *vulgo*, magnétique et ses développements ; »

3º « Que dans le sommeil l'homme est dominé par cet auxiliaire, et que tout ce que l'homme fait ou dit dans cet état est suscité par ce même agent ; »

4º « Que cet auxiliaire peut être ami ou ennemi de l'homme, considéré comme intelligence soumise aux lois du Créateur, et que c'est à cette cause ennemie qu'on doit rapporter les visions mensongères, les promesses fallacieuses, les prévisions décevantes, en un mot, toutes les erreurs dans lesquelles tombent les somnambules, erreurs qui décèlent sans réplique les dangers du magnétisme ; »

5º « Et conséquemment que les phénomènes magnétiques ne sont point produits par un sixième sens interne propre à l'homme, encore moins par une imagination exaltée ou déréglée ; mais qu'ils ne font que constater que l'homme est une intelligence unie à la matière, mais provenant du même principe qui est la suprême intelligence, *Dieu.* »

» D'après cet exposé, dit le docteur Billot, mon ouvrage se recommande à toutes les classes de lecteurs, autant sous le rapport physiologique, que sous le point de vue religieux. »

Après quelques lettres écrites à M. Deleuse et les réponses de celui-ci, le docteur Billot, insère page 29 de son premier volume, un ouvrage portant ce titre :

MÉMOIRE

Sur un phénomène extraordinaire qui, par suite d'expériences éminemment positives, constate :

1° Qu'il existe des êtres immatériels qui, sous la dépendance de la divinité, exercent une influence sensible sur les actes de la vie de l'homme, tant au physique qu'au moral ;

2° Que la croyance religieuse, de tous les temps et de tous les peuples, tant anciens que modernes, a des guides spirituels attachés à l'homme pendant sa vie terrestre, n'est pas à dédaigner par le médecin philosophe qui a grandement à cœur les progrès de la science physiologique, puisqu'elle seule peut donner une explication satisfaisante d'un grand nombre de phénomènes de la vie et résoudre le grand problème sur la cause des effets extraordinaires observés chez les somnambules dits magnétiques.

Tribut académique offert à la société royale de médecine de Marseille, et destiné à préparer la voie aux recherches théopsycologiques, c'est-à-dire, à l'étude de l'homme considéré dans ses rapports avec la divinité, et le monde des intelligences non unies à la matière, recherches que doivent agrandir singulièrement le domaine de la science de l'homme ; par G. P. Billot, docteur en médecine, associé-correspondant de plusieurs Sociétés savantes.

> Dans l'état actuel de nos connaissances,
> peut-on admettre l'influence des puissances
> supérieures qui, échappant à nos sens, agis-
> sent sur nous, comme sur les autres créatures
> animées? Une telle recherche n'est pas moins
> digne de la philosophie naturelle et même de
> la théologie, que de la médecine.
>
> Virey. Dict. des sciences médic. t. 55, p. 68.

Page 48, t. 1er. Le docteur Billot reconnaît l'existence d'un esprit, d'un intelligence qui opère des phénomènes sur le corps d'une fille malade qu'il magnétise.

Page 49 et suivantes. Il s'établit un dialogue par signes convenus entre cet esprit et le docteur Billot. L'esprit lui fait accroire qu'il est l'Ange gardien de la fille malade.

Voici des réflexions du docteur Billot sur ce phéno-mène :

Page 53. « La philosophie du jour qui ne veut que du positif en toutes choses, comment qualifiera-t-il ce dialogue singulier ? Et ces mouvements tant significatifs pour répondre à mes questions? Si ce n'est pas là du positif que faut-il de plus ? Dira-t-elle que ce sont des illusions, Des hallucinations, des prestiges? Mais je n'ai pas la berlue et grâces à Dieu, j'ai encore pleine et entière jouissance de tous mes sens ; et certes, ni mes yeux, ni mes mains ne sauraient me tromper. »

Page 57. L'esprit parle par la bouche de la fille malade qui n'est point endormie : *La voix dont le timbre est fortement élevé, est bien différent de celui de Marie Mathieu, qui est la fille malade.* — L'esprit opère divers mouvements dans les organes de Marie Mathieu.

10.

Page 72. L'esprit ordonne le traitement qui suit pour la guérison de Marie Mathieu :

» 1.º Frictions sèches et *passes, dites magnétiques*, sur tout le membre perclus, plusieurs fois dans la journée, à des heures fixes et continuées jusqu'à guérison complète ; »

» 2º Après ces *passes* et frictions, marche et mouvements dans tous les sens provoqués dans le membre malade ; »

» 3º Sangsues appliquées en nombre suffisant sur le genou pour en diminuer l'hypertrophie qui, dans ce moment est très-considérable. Cette saignée locale sera répétée de temps en temps ; »

» 4º Pommade ou liniment aromatique pour onction sur tout le membre, pour le fortifier ; »

» 5º Fumigations aromatiques avec le storax, plusieurs fois dans la journée, dans le même but ; »

» 6º Bain préparé convenablement avec le sulfure de fer, pour fortifier le pied. »

» 7º Purgatif de temps en temps avec l'eau dite *magnétisée*, sans addition d'aucune drogue médicinale. »

» Tels furent, dit le docteur Billot, les moyens ordonnés par l'esprit *directeur* de Marie Mathieu, pour être employés successivement et sous sa direction. »

Page 74. L'esprit donnait des visions à Marie Mathieu. « C'est ainsi, dit le docteur Billot, que dans certaines circonstances, ayant les yeux bien *ouverts* et parfaitement dans un état normal, bien éveillée, elle a vu des objets fantastiques, ou mieux encore, fantasmagoriques, visions que maints railleurs traiteront d'hallucinations. Néanmoins, ces objets n'étaient ici représentés fantasmagoriquement que pour rappeler à Marie qu'elle avait oublié de faire tel ou tel remède. Par exemple : Marie s'était indiquée des fumigations avec le storax pour telle heure du jour ; mais voilà que l'heure est sonnée et Marie n'y pense point. Soudain une fumée épaisse lui semble sortir d'un encensoir qu'elle voit devant elle, et de suite l'odeur de l'encens lui rappèle qu'elle a oublié de parfumer sa jambe. Une autre fois Marie aperçoit une se-ringue, et c'est encore pour lui rappeler un oubli. »

Ce récit, ajoute le docteur Billot, excitera sans doute l'hilarité de quelques-uns, car il me semble leur enten-dre dire : *Risum teneatis amici !* Mais j'ai promis de dire la vérité et je tiens parole : en rira qui voudra. Je pose les premières pierres d'un édifice ; ce sont des pierres d'attente. Un jour viendra sans doute ou quelqu'autre en ajoutera d'autres et continuera l'élévation du monu-ment.

Je ne citerai plus qu'une de ces visions singulières. Un jour que Marie était à manœuvrer, c'est-à-dire à se mouvoir de long en large dans son appartement sans au-cune espèce de soutien, il lui arrivait parfois de perdre l'équilibre. Dans un moment où elle allait tomber, je lui dis tout en riant : soutenez-vous bien, prenez-vous à la corde (notez qu'il n'y en avait point). Soudain elle élève les mains en haut et paraît se soutenir à l'aide de quelque chose. S'apercevant alors de ma surprise, elle rit à son tour, en me disant : « Vous vouliez plaisanter tantôt, cependant, voilà deux cordons verts suspendus devant moi, auxquels je me suis prise pour ne pas tomber, ils sont descendus à votre voix quand vous avez parlé de la corde. » (Ces cordons n'étaient visibles que pour elle).

Penserait-on que ce ne soit là que des hallucinations dans le sens médical ?

Page 83 *et suivantes.* L'esprit fait connaître par Marie Mathieu la vocation vraie ou fausse d'un jeune homme, en citant exactement et textuellement un chapitre et des versets de l'Évangile.

» Ce fait, dit le docteur Billot, qui serait attesté, s'il en était besoin, par le docteur Bernard et par le jeune Ducros, prouve jusqu'à l'évidence que Marie était influencée par quelqu'un qui connaissait parfaitement les écritures. Or ce quelqu'un ne pouvait être que l'esprit directeur qu'elle désignait, et dont on reconnaissait la présence et l'influence par les mouvements saccadés de son doigt.

Page 88. Le docteur Billot rapporte un fait très-curieux. Le voici tel qu'il le raconte : « Nous avons dit à l'article du traitement dicté par le guide spirituel, que le régime alimentaire de Marie serait très-substentiel, mais en même temps adoucissant. Ainsi point de crudités, d'ail, ni d'oignon ; point d'épices, ni de salaisons. »

« Or Marie suivait ponctuellement le régime prescrit, lorsqu'un jour, un peu dégoûtée de ces aliments trop fades pour elle, attendu qu'elle était habituée à ceux de haut goût, elle s'avisa de prendre une gousse d'ail cru pour en frotter son pain. Mais à mesure qu'ayant épluché son ail, elle se dispose à l'approcher de son pain, la gousse d'ail saute au plancher et ne se retrouve plus. Marie interdite, partit par un éclat de rire et profita de la leçon. Ce fait s'est passé sous mes yeux et en présence des gens de la maison. »

Page 92. Le docteur Billot rapporte un phénomène sur la saignée ; voici ses expressions :

» A l'époque où le traitement commença, Marie, quoique sur le retour de l'âge, payait encore à la nature le tribut mensuel de son sexe. Quelques incommodités se faisant sentir de temps en temps à cause du retard ou de la pénurie du flux, le guide ordonnait la saignée du bras.

La première fois que la saignée fut faite, je m'avisai de tenter une expérience remarquable qui me parut devoir être en harmonie avec les antécédents. En effet, pensai-je en moi-même, *si l'Ange a pouvoir en tout sur Marie, il peut arrêter ou laisser couler à volonté le sang. Cette expérience est décisive.*

En conséquence, la saignée fut faite et les résultats furent tels que je les avais conçus. C'est cette même expérience que vous allez tenter, Monsieur le sceptique, si comme moi, vous voulez avoir une preuve bien positive de l'influence d'une puissance, quoique invisible, sur Marie Mathieu.

Expérience : — Prenez et découvrez le bras de Marie, placez la bande compressive, piquez la veine, le sang jaillit, heureux présage ! laissez couler une minute. Vous adressant alors au sang, si vous doutez de la présence d'un esprit moteur, ordonnez et dites-lui : arrête-toi, cesse de couler ? — Le voilà arrêté. — Ordonnez qu'il coule ; et voilà qu'il jaillit encore... Continuez, amusez-vous à le faire arrêter et couler alternativement, imitant en ceci le jeu de la fontaine intermittente. Après ce jeu répété plusieurs fois, abandonnez l'émission sanguine à la discrétion, au caprice du moteur ; ne vous donnez pas de souci pour l'arrêter entièrement et fermer la veine ; mais soyez attentif, et vous verrez que lorsque l'esprit jugera l'émission sanguine suffisante, Marie éprouvera une secousse semblable à une commotion électrique et la veine sera parfaitement close. Sans doute, alors immobile de surprise et d'admiration, vous n'hésiterez pas d'avouer qu'il n'y a ici ni prestiges, ni imposture ; mais qu'en effet ce phénomène seul, indépendamment des antécédents constate d'une manière éminemment positive ce que nous avons voulu prouver, savoir :

1° Qu'il existe des êtres immatériels qui, sous la dépendance de la divinité, exercent une influence sensible sur les actes de la vie de l'homme tant au physique qu'au moral.

2° Que la croyance religieuse de tous les temps et chez tous les peuples, tant anciens que modernes à cette même influence, n'est pas à dédaigner par le médecin philosophe jaloux des progrès de la science physiologique, puisqu'elle seule peut donner une explication suffisante d'un grand nomb.e de phénomènes de la vie de l'homme, et résoudre le grand problème sur la cause des effets extraordinaires observés chez les somnambules voyants, dits somnambules magnétiques.

3° Enfin que la science de l'homme est encore loin d'être parfaite, en ce qu'il n'a pas été étudié dans tous ses rapports avec la création et notamment avec le Créateur et le monde invisible des intelligences non unies à la matière.

Ma tâche est remplie, Messieurs, ajoute le docteur Billot ; mais il me reste à vous communiquer une réflexion que ce phénomène étonnant suggérera à l'esprit du vrai philosophe, dans ce siècle d'incrédulité. Ne serait-ce pas pour arrêter le cours de cette maladie de l'esprit humain, que Dieu l'aurait suscité ? J'aime à le penser ; je me plais à le croire et à le publier. Puisse-t-il un jour, s'il est connu, ramener l'incrédule à la foi de ses pères !

Page 119. Et pour vous donner une idée de leur *savoir*, je vais vous citer quelques mots d'une somnambule, simple jardinière, ne connaissant que ses choux et ses raves.

e magnétisme, disait-elle, *vient d'en haut, il émane e la divinité, il vivifie, il échauffe, il éclaire; c'est ame de l'univers* (1).

Page 142. M. Deleuse (auteur de l'histoire critique u magnétisme) dit dans une lettre qu'il écrit au docteur illot :

Je connais un médecin qui pendant trois mois a ma-nétisé deux ou trois fois par semaine, une dame à soi-ante lieues de distance. Dès qu'il agissait, non seule-nent il la mettait en somnambulisme, mais dans cet tat, elle le voyait comme s'il avait été à côté de lui : lle lisait ses lettres mêmes sans les ouvrir, et lui répon-lait avec détail et d'un style très different de celui qu'el-e employait dans l'état de veille.

Vo.' un autre exemple de cette force qui est assez are. Mme V.** que je connais et qui est malade est très usceptible de somnambulisme. Un de ses cousins que je onnais aussi, lui écrit ; et comme il était lié avec M. le omte de G., il le prie de magnétiser fortement sa let-re. M. le comte y consent ; la lettre magnatisée est en-oyée à Lyon sous enveloppe, à l'adresse de la mère de a malade, et on la prie de ne remettre la lettre à M^{mc} ^{7}.** sa fille, que lorsqu'il n'y aura pas des personnes trangères avec elle. Au moment où cette lettre est remi-e. Mme V.** qui certainement ne pouvait se douter de

(1) Voilà un système d'athéisme, ressemblant à celui de pinosa, que débite le démon par la bouche de cette jardi-ière. Le démon comme à son ordinaire, emploie les pom-es de l'éloquence humaine, et les phrases de vanité pour onner cours à son système. Autrefois par la bouche des Pitho-isses il parlait presque toujours en vers. (Note de l'éditeur.)

rien, tombe en somnambulisme : elle y tomba plusieurs jours de suite chaque fois qu'on lui faisait toucher la lettre ou qu'on la plaçait derrière ses épaules.

Je pourrais vous citer un grand nombre de faits aussi étonnants. La propriétaire d'une habitation à la Guadeloupe, M. Jaboun, qui a fait dans cette île de nombreuses expériences magnétiques, et qui est venu passer six mois à Paris, m'a dit que le somnambulisme se produisait plus souvent chez les nègres que chez les blancs, et que parmi ses nègres, il y en avait un qui l'informait de tout ce qui se passait dans son habitation et qui pouvait l'intéresser. Il m'a raconté des faits très-surprenants.

Page 221. Voici encore un fait tellement extraordinaire que si je n'en avais été témoin j'aurais b   e le raconter, tant il semble puéril, et sans doute ait bien excusable celui qui, après avoir lu cette notice dirait : *j'y croirai quand je le verrai.* Néanmoins, je prends Dieu à témoin que le fait est très positif, s'étant répété sous mes yeux et d'après ma demande.

L'exercice fatiguait et échauffait beaucoup Marie ; elle avait besoin de repos et de rafraîchir son sang. L'esprit ordonne la tisane suivante : *orge et réglisse.* Marie met dans un pot convenable l'orge mondé, un petit morceau de racine de réglisse fendu en quatre et l'eau suffisante. Elle s'avance vers la cheminée le pot à la main, pour faire la tisane ; mais il n'y a pas de feu : à peine aperçoit-ton sous la cendre un globe lumineux comme un petit pois. En outre, il n'y a pas de petit bois, ni de copeaux ; ni de sarment pour faire prendre feu à deux grosses buches qui se trouvent dans l'âtre. Bien plus Marie manque en ce moment d'allumettes, et pour tout soufflet, on n'a dans la maison qu'un roseau ou canne percée d'outre en outre. Quelle main secourable viendra donc l'aider à allumer son feu? Sa mère? Mais sa présence est nécessaire dans l'atelier pour fournir aux ouvriers les matériaux destinés à garnir les navettes:

Ne t'inquiètes pas, lui dit la petite voix (l'Esprit), la tisane se fera. Place sur le globule de feu quelques feuilles de chène vert qui tiennent encore aux buches et qu'il faut détacher; mets les buches par dessus, et sois tranquille; le feu va s'allumer; tu placeras ensuite le pot, et tu pourras faire le travail ordinaire du ménage.

Marie obéit à l'*Esprit* et le tout bien préparé et disposé selon l'ordonnance, elle se met à observer ce qui va se passer, en fixant les yeux sur le globe lumineux. Quel est son étonnement, lorsqu'elle aperçoit sur ce globule un petit mouvement tel que celui que pourrait opérer le souffle du plus doux zéphir, ou celui à peine sensible sortant du chalumeau d'un metteur en œuvre, ou d'un joailler. A peine quelques minutes se sont écoulées, que les brins de feuilles commencent à donner de la fumée, l'impression du soufre se renforce, quelques étincelles pétillent et voilà que la flamme a jeté son éclat. Les buches sont attaquées par le feu; le foyer ressemble à celui d'une petite forge d'orfèvre, et Marie ravie d'étonnement, place son pot près du feu, en louant Dieu et remerciant son messager. L'eau s'échauffe, bientôt le bouillonnement commence, le feu est ménagé de telle sorte qu'on ne voit qu'un petit frémissement à l'aide duquel la tisane se confectionne lentement. (Ceci se rapporte à un phénomène surnaturel connn dans les sciences magiques sous le nom de *maléfice d'incendie*. Le diable en est l'agent).

11

Page 229. 1re Observation. Eugénie Ric. . . . ., de la commune de Cadenet dans le département de Vaucluse, jeune enfant de six à sept ans, se trouvait un jour du mois de mai de l'année 1818, chez une dame de laquelle elle recevait habituellement des caresses. Je m'y trouvais aussi avec M. T., magnétiseur ordinaire des somnambules de la Société.

C'était sur les dix à onze heures du matin. On propose de magnétiser la petite Eugénie, pour savoir si à son âge, elle serait influencée. En conséquence, elle est placée debout entre les jambes du magnétiseur. Celui-ci faisant semblant de la caresser, lui fait des passes-douces qui, partant de la tête, aboutissent seulement aux mains.

A peine quinze à seize minutes sont écoulées, qu'Eugénie ferme l'œil et s'endort. Nous la couchons sur un canapé, sa tête appuyée sur un carreau. Eugénie dort d'un profond sommeil. J'étais assis et placé sur le même canapé du coté des pieds de l'enfant. J'avais une guitare à la main, et j'en pinçais. Eugénie ne fait aucun mouvement. Le son de l'instrument ne l'éveille point. Je l'appelle : elle ne répond pas. Je dis à M. T. de lui parler. Celui-ci prenant la parole lui dit : Eugénie? — Plait-il? — Tu dors, mon enfant? — Oui. — N'entends-tu rien? — Non.

Je place alors la guitare sur le bas ventre de la petite, je pince les cordes, et le magnétiseur répète la même question : — N'entends-tu rien à présent? — Si fait. — Qu'entends-tu? — La musique. — D'où vient cette musique? — De la guitare. — Qui fait cette musique? — M. le médecin.

Tenant toujours la guitare sur la petite fille, je prends la parole et lui dit : Eugénie! me vois-tu? — Oui, monsieur. — Tu y vois donc bien? — Oui. — Ne vois-tu rien auprès de toi? — Si fait. — Que vois-tu? — Un petit ange. — Il est ici à ta droite, n'est-ce pas? — Non, il est sur ma tête. — Est-il joli? — Oui, bien joli. — Est-il tout nu? — Non; il a une ceinture blanche avec de l'or dessus. — N'a-t-il rien à la main? — Il a une petite croix à la main. — De quelle main? — De celle-ci, (montrant la droite.) — Ne vois-tu rien sur lui? — Il a une étoile au front. — Est-elle belle cette étoile? — Oui, comme le soleil. — A qui est-il ce petit Ange; est-ce le mien, ou bien celui de quelqu'un autre? — C'est le mien. — Que te dit-il? — Rien. — Que fait-il là près de toi? — Il me regarde, il rit. — Est-il toujours audessus de ta tête? — Non, il est ici à droite. — Demande-lui quelque remède pour ton petit frère qui est malade! — Il ne me dit rien.

Nota. Dans cet exemple comme dans les autres, c'est le démon qui parle par la bouche de la petite fille, qui trompe les magnétiseurs et se rit de leur aveuglement. La croix, l'étoile dont parle le démon sont des mensonges. Eugénie après son réveil ne se souvient pas d'avoir rien vu, ni d'avoir parlé pendant son sommeil diabolique.

Un ouvrage que nous avons sous les yeux, ayant pour titre : *Lettres philosophiques sur la magie* rapporte de Cagliostro des phénomènes semblables et d'autres encore plus surprenants. L'auteur de cet ouvrage dit : (*page* 108 *et suivantes*) :

C'est à l'époque de l'apparition de ces somnambules, engeance sortie du démonolâtre Mesmer, que parut sur la scène à Paris un autre démonolâtre ou *magicien* qui non seulement a réuni dans lui tous les talens de ses devanciers, mais les surpassa même de beaucoup, soit dans ses effets, soit dans la manière dont il sut les produire, le fameux *Cagliostro*.

Cet homme, protégé des courtisans qu'il avait séduits, s'introduisait à la Cour et chez les Princes. Il disait *qu'il communiquait à son gré avec les Anges ou intelligences célestes*; ce qu'il y a de certain, c'est qu'il a fait entendre, en rase campagne, des paroles comme venues du Ciel; et ses moyens, quoiqu'au fond les mêmes, c'est-à dire *démoniaques*, semblaient bien supérieurs à ceux du ventriloque Saint-Gille qui se donnait pour l'auteur de ces voix aériennes, lorsqu'il était évident, et que Cagliostro convenait que ces voix n'étaient pas de lui. Il a fait voir à Paris et à Versailles, dans des miroirs, sous des cloches de verre, et dans des bocaux, des spectres animés et se mouvant, d'hommes et de femmes morts depuis long-temps, comme Marc-Antoine, Cléopâtre, et autres qu'on lui demandait, œuvre diabolique, vue dès les premiers siècles de l'Église, et sur le diabolisme de laquelle prononcèrent expressement des personnages qu'on n'accusera pas d'avoir été peu éclairés, *Tertullien*, *Saint-Justin*, surnommé le philosophe, *Lactance*, Saint-Cyrille de Jérusalem etc. etc....
« Cagliostro évoquait les morts au point qu'il fit trou-
« ver à un souper cinq ou six défunts très-célèbres, tels
« que Socrate, d'Alembert, Voltaire, etc. ».

Sur ce fait ci, nous employons littéralement les expressions du premier volume des *Anecdotes du règne* de Louis XVI, (page 400.) imprimées à Paris en 1791 ; ce qu'il faut bien remarquer, parce qu'alors l'infortuné monarque vivait et que la plupart des grands de sa cour, témoins de ces prodiges, étaient encore en France, n'ont pas été tentés d'en contredire devant lui la vérité.

« Les guérisons qu'il opéra (à Strasbourg) furent en
« grand nombre, et si merveilleuses, qu'en peu de temps

« sa maison se trouva pleine de béquilles qu'y avaient
« laissées les estropiés qu'il avait guéris ».

Nous tirons ce fait de sa vie traduite de l'Italien
(page 177):

Comme pour tirer du *démon* des réponses et opérer
ses merveilles, il choisissait de jeunes filles ou de jeunes
garçons, dans l'âge de la plus tendre innocence, qu'il
appellait ses *pupilles* ou *colombes*, dans le procès qu'on
lui a intenté à Rome, sa femme a déposé: que bien
qu'elle ait cru que plusieurs des *pupilles* avaient été
prévenus par son mari, surtout ce qu'ils avaient à répondre dans les travaux, quelques autres cependant, choisis
èt amenés à l'improviste n'avaient pu opérer *que par un
art diabolique.*

Du reste, on trouve dans les Pères de l'Église des faits
du même genre, observés et rapportés par eux. Origène
dit: *que des devins inspirés du démon rendaient des
réponses* ou oracles en vers, qu'ils chantaient avec agré-
ment; il ajoute que quelquefois les *magiciens* malfai-
teurs, *invoquant des démons sur des enfans en bas
âge leur ont fait prononcer des poèmes admirables et
étannants.* (Lib. 3. De princip. cap. 3).

C'est au même prestige diabolique que Tertullien faisait
allusion lorsqu'il assurait: *que les Magiciens font prononcer des oracles à des enfants.* (Apolog. et cap. 23).

L'auteur de la Chronique de Flandres raconte une
histoire remarquable qui a rapport à ce genre de phénomènes: à Nivelle, dit-il, on conduisit à St-Norbert
une jeune fille qui était tourmentée depuis un an...
« Le démon récita par la bouche de cette fille le cantique
« des cantiques d'un bout à l'autre: après quoi, il tra-
« duisit mot à mot ce livre tout entier en langue Romaine,

11.

« et ensuite en langue Theutonique. (*Magnum Chroni-*
« *con Belgic. pag.* 149.) ».

Surius dans la vie du même saint dit : « On y voit
« des idiots qui savaient à peine épeler les lettres, lire
« néanmoins par l'opération du démon, citer des passa-
« ges de la prophétie de Daniel et de l'Apocalypse ; faire
« en présence de tous les Religieux un discours sur ce
« texte : *Soyez fermes dans le combat, et combattez*
« *l'ancien Serpent*; tromper enfin par l'élévation de
« leurs discours un des principaux réligieux, jusqu'à lui
« persuader qu'ils étaient inspirés d'en haut. (*Surius*
« *Tom. 5. pag.* 656.) ».

Ce fait explique celui rapporté par le docteur Billot,
lorsqu'il dit que le prétendu Ange gardien de Marie citait
des passages de l'Evangile et débitait des discours édifiants,
relativement à la prétendue vocation d'un jeune homme.

Nous ajouterons encore sur ce sujet ce que dit le
cardinal Bona, (Du discernement des Esprits, ch. 14) :
« Mais quant à ce qui est d'être élevé aux choses divi-
« nes par la suspension des sens, cela n'est point naturel
« à l'homme, comme l'enseigne St-Thomas. Le démon
« cause des extases *en retenant l'action des sens et bou-*
« *chant les conduits par lesquels les esprits se répan-*
« *dent du cerveau dans les sens extérieurs*. St-Augustin
« a pensé que les extases de Plotin et des autres Plato-
« niciens de son temps ont été de cette sorte. On ne
« saurait douter que les extases de l'hérésiarque Montan
« et des femmes qui s'attachaient à lui ne procédassent
« des mauvais esprits ».

EXTRAIT

DE LA

LETTRE PASTORALE

DE MONSEIGNEUR

L'ARCHEVÊQUE D'AVIGNON,

CONCERNANT

Les Conférences Ecclésiastiques

DE 1839.

XII. Après avoir expliqué comment le miracle devient une preuve certaine et manifeste de la révélation, nous devons parler des faits que l'on voudrait pouvoir confondre avec ce témoignage de la divinité. Posons d'abord quelques règles générales pour faire le discernement des vrais et des faux miracles. 1re Règle. L'intervention de Dieu est évidente dans les miracles du premier et du second ordre ; elle ne l'est pas au même dégré dans ceux du troisième. 2me Règle. La vérité des miracles du troisième ordre ressort de l'examen de ces circonstances. Tout fait extérieur dont l'existence, quant au mode, paraît miraculeuse, est dû à l'intervention spéciale de Dieu, s'il est favorable à des vérités déjà révélées, à une religion digne de Dieu et des hautes destinées de l'homme; s'il vient à propos au secours de la vertu et du malheur; surtout si l'agent est digne, par la sainteté de sa vie et son désintéressement, de servir d'instrument aux bontés divines. La Providence dans ces sortes de manifestations extraordinaires et contre l'ordre commun des choses de ce monde, intervient comme cause prochaine, ou du moins elle permet aux causes secondes supérieures à l'homme, par un acte spécial de sa volonté, de les opérer pour les fins et dans les circonstances dont on vient de parler. Il n'y aurait pas de providence surnaturelle, si des effets si extraordinaires et si dignes d'elle-même étaient abandonnés par elle à l'action libre de ses créatures, quelque parfaites qu'elles fussent. C'est ainsi qu'on s'assure de la vérité de certains miracles du troisième ordre qui, au premier aspect, ne paraîtraient pas manifestement divins. De ces deux règles nous tirons ces deux conséquences : 1re Conséquence. Les miracles du premier et du second ordre prouvent directement et par eux-mêmes la divinité de la religion contre laquelle on suppose d'ailleurs qu'il n'y a aucune preuve négative. 2e Conséquence. Les miracles dont la vérité ressortirait en partie de la doctrine en faveur de laquelle ils seraient opérés, en supposant la divinité déjà prouvée, soit par sa propre excellence, soit par des miracles dont le caractère divin se révélerait dans quelqu'une des autres circonstances que nous avons énumérées dans la seconde règle. Ils ne font par conséquent que la confirmer.

5e Règle. Tout miracle du troisième ordre opéré par

des hommes vicieux ou peu recommandables, est par là même suspect. Dieu ne se sert ordinairement, pour faire éclater les merveilles de sa puissance, que de ses plus fidèles serviteurs. 4e Règle. Si un fait qui paraît miraculeux, considéré en lui-même, présente quelque chose d'obscène ou de ridicule; s'il est fait dans un but immoral, dans l'intention d'autoriser l'erreur ou des actes condamnables; s'il n'est propre qu'à vexer inutilement les hommes; s'il est éclipsé par d'autres merveilles opérées dans un but tout contraire, nul doute qu'on ne doive l'attribuer à de mauvais génies. Maintenant pourrait-on confondre avec les miracles de la droite du Très-Haut, les prestiges du démon, les prestiges de l'art et les effets magnétiques?

On connaît les prestiges des démons, au caractère d'hostilité qui les distingue presque toujours à l'égard de Dieu et de la religion, de la vérité et de la vertu, des intérêts spirituels et temporels des hommes. Il y a de l'incohérence, des contradictions, des preuves d'impuissance et de fourberie dans la marche et la conduite des opérations diaboliques. Leurs effets sont funestes ou immoraux ou frivoles, éphémères, illusoires. Ils sont une source d'illusions, de mécomptes, de troubles, d'agitations, de superstitions et d'impiétés. Les prestiges de l'art ne sont que des tours d'adresse plus ou moins ingénieux, où il entre beaucoup de vanité, de frivolité, et d'intérêt. Ce qu'il y a de moins sérieux dans les actions humaines, ne saurait passer pour une œuvre de la sagesse infinie. Les effets appelés magnétiques ne sont pas à une moindre distance des vrais miracles. Mais, puisque des naturalistes de notre époque ne rougissent pas d'expliquer par les forces magnétiques les merveilles des Livres saints et ceux de nos thaumaturges, montrons que leurs efforts sont impuissants pour obscurcir la gloire qui rejaillit des miracles sur la religion révélée.

On donne le nom de magnétisme à un certain art et à la situation particulière qu'il crée dans les individus susceptibles d'en éprouver les effets. Les moyens de l'art magnétique sont : 1º La croyance *a priori*, ou la ferme volonté et le vif désir de produire les effets magnétiques. 2º Les gestes, les attouchemens et les passes. Les conditions auxquelles ces procédés opèrent, sont, de la part du magnétiseur, une volonté persévérante, une bonne constitution, un tempérament tant soit peu vif et ardent, de la bienveillance pour les personnes ; du côté du magnétisé, une volonté au moins interprétative d'éprouver les effets magnétiques. Les personnes maladives, faibles, délicates et confiantes sont plus ordinairement impressionnables. La position du magnétisé doit être commode, pour éviter les accidents. Le lieu ne doit pas être trop éclairé ; les lieux publics sont dangereux ; ils exposent à des scènes épouvantables. Les spectateurs doivent être bien choisis ; Ils ne doivent être ni nombreux, ni moqueurs, ni incrédules : le magnétisme opérerait mal devant des personnes de cette trempe. Au reste l'art magnétique est une mer semée d'écueils : il faut de l'expérience, beaucoup de discernement, de sagesse et de vertu, pour qu'il ne devienne pas extrêmement nuisible au magnétisé et au magnétiseur. Telles sont, d'après les plus habiles, les conditions principales du bon effet de l'art magnétique. L'état magnétique qui résulte de l'emploi de ces procédés, consiste dans la somnolence : c'est un somnabulisme artificiel. Dans cette situation on dépend beaucoup de l'influence physico-morale du magnétiseur ; la liberté en est gênée; l'exercice des sens est plus ou moins suspendu : on parle dans le sommeil, on voit, on entend sans le secours des organes corporels ; on devient insensible à la douleur, on indique les remèdes nécessaires à la guérison des maladies des autres et des siennes propres, mieux que ne le pourraient faire l'Institut et la Faculté. On devine les choses secrètes, on prédit l'avenir, en un mot on ne parait plus soumis aux lois de la nature humaine. Eh ! bien sont-ce là les caractères des miracles?

1º Y a-t-il un art qui apprenne à faire des miracles? Les thaumaturges et les Prophètes emploient-ils tant de moyens, tant de procédés ; craignent-ils tant les regards du public? Le concours de personnes faibles, délicates, ordinairement impressionnables et crédules, leur est-il nécessaire? Si l'art y était pour quelque chose, ils ne seraient pas dûs à l'invocation et à l'intervention extraordinaire de la divinité. Ce seraient des œuvres humaines et non des œuvres divines et prodigieuses. Aussi lorsque les thaumaturges mettent des conditions à leurs miracles, ce n'est pas qu'ils y attachent quelque efficacité naturelle, ni qu'elles soient nécessaires : ils les exigent uniquement dans l'intérêt de la gloire de Dieu, ou dans l'intérêt de ceux qui sont les objets ou les témoins des miracles. Ils le prouvent clairement, quand ils en opèrent spontanément, ou sur des sujets qui ne sont susceptibles d'aucune coopération. La résurrection de Lazare, la transsubstantiation de l'eau en vin, aux noces de Cana, la multiplication des pains, au désert, et tant d'autres merveilles en sont des exemples frappants.

2º La nature des procédés de cet art, ces gestes, cette position ; les circonstances qui les accompagnent

souvent, la qualité des personnes sur lesquelles ils exercent plus particulièrement de l'empire, cette affection
extraordinaire qu'on dit être un des résultats des rapports
une fois établis entre le magnétiseur et le magnétisé, la
dépendance morale de celui-ci à l'égard de celui-là, qui
en est la suite, rendent un tel art dangereux pour les
mœurs, quand il n'est pas funeste à l'innocence. Ce sont
les plus chauds partisans du magnétisme qui nous apprennent ces choses. Comment donc le comparer au
miracle, œuvre sainte et divine, s'il en fut jamais?

3° L'effet immédiat et ordinaire des procédés magnétiques est le somnambulisme artificiel, la suspension de
l'exercice des sens et de la raison : état insolite, pénible
à la nature, anormal. Autre source de dangers : 1° Pour
les mœurs, 2° pour les santés presque toujours débiles
des magnétisés, 3° pour les facultés intellectuelles et
morales qu'affaiblissent, que peuvent profondément
altérer, au profit des égaremens d'imaginations déjà si
mobiles et si extravagantes, l'aberration des sens, les
fantasmagories, les visions, les prédictions, les consultations, toutes ces terribles épreuves auxquelles sont
soumis les êtres passifs de cet état. Les miracles au
contraire rendent la santé aux ames et aux corps, lorsqu'ils ne sont pas des châtimens de la justice d'en haut.

4° Enfin les phénomènes les plus étonnants du magnétisme ne peuvent point être attribués à l'intervention
spéciale de la divinité. De toutes les explications qu'on
en peut donner, il n'en est pas une seule qui s'accorde
avec la veritable notion du miracle. D'abord, ils ne
portent pas les caractères de l'opération divine dans un
ordre surnaturel. En second lieu, on peut tout au plus

en faire honneur à des agents supérieurs à l'homme, sans que Dieu y intervienne spécialement.

1° Quel sont les effets miraculeux du magnétisme par rapport aux guérisons des maladies pour lesquelles on l'emploie spécialement? Les infirmités qu'il guérit sont-elles graves, invétérées, dangereuses? Résistent-elles à l'efficacité de remèdes connus ou employés jusque-là inutilement? S'est-il passé un assez long intervalle entre l'emploi des remèdes auxquels la guérison pourrait être justement attribuée, et la guérison elle-même? N'est-il survenu aucune crise, aucune révolution capable d'opérer seule? Les guérisons sont-elles subites, instan-tanées parfaites, constantes et durables? Telles sont les guérisons de la Bible, et des Thaumaturges que l'Église met au nombre de ses saints. Elles méritent seules le nom de miracle; là seulement l'intervention divine est manifeste. Que sont au contraire les cures magnétiques? Des convalescences lentes, peu solides, ou seulement apparentes que l'on doit à l'efficacité des remèdes, aux crises, à des résolutions salutaires survenues à propos, peut-être encore à l'influence physico-morale, et par conséquent naturelle, du magnétiseur. Joignez-y, si vous le voulez, les indications vraies ou fausses de remè-des déjà conus, et puis les infirmités spirituelles et cor-porelles, les mécomptes, les illusions, les accidents de tout genre dont le magnétisme est l'occasion ou la cause, et vous aurez une idée à peu près complète de ses effets pitoyablement miraculeux.

2° Tout au plus pourrait-on les attribuer à des agents supérieurs à l'homme. Car ils seront naturels, si, comme le pensent la plupart des magnétiseurs, ils dépendent d'un certain état du cerveau et du système nerveux dû

à l'action d'un agent occulte, d'un fluide latent répandu
partout et particulièrement dans l'organisation animale.
Ce fluide électro-animal, cet éther primitif, comme on
voudra l'appeler, se dégage au moyen de passes, d'attouchements, et d'une volonté forte et persévérante; l'action
physico-morale du magnétiseur le fait affluer sur les diverses parties du corps du magnétisé, l'accumule sur
lui, lui procure graduellement le sommeil, et alors ont
lieu artificiellement tous les phénomènes du somnambulisme naturel : la lucidité, la clairvoyance, nous pourrions ajouter les convulsions nerveuses, les paralysies
totales ou partielles, les phénomènes monstrueux de la
catalepsie, toutes choses qui ne sont guère miraculeuses
que lorsque la Providence les envoie en punition de
quelque crime. Les effets les plus extraordinaires du
magnétisme sont encore moins miraculeux dans l'opinion
des corps savants qui affirment que cet agent, ce fluide
n'existe pas ; et dans celle de ce grand nombre de physiologistes et de médecins qui pensent qu'ils ont leurs
analogues dans des maladies ou affections sympathiques
très connues, et qu'ils appartiennent, comme ils s'expriment, à cet ordre de phénomènes monstrueux auxquels
donnent lieu, sans que l'on sache comment, les altéra-
tions et les dérangements de l'organe cérébral. D'autres,
parmi lesquels on compte des hommes sages et instruits,
plus frappés de ce que présentent d'insolite et d'étonnant,
la clairvoyance, la vue et l'audition lointaines, les
connaissances de la pensée, les prévisions de l'avenir,
les consultations savantes de la part de personnes sans
études, paraissent croire que ces effets, supposé qu'ils
sont constatés, ne peuvent s'expliquer que par l'intervention des mauvais esprits, d'où ils concluent que l'art

magnétique est un art maléficier et diabolique. Ici encore
point de miracle, point d'intervention divine, sinon
comme cause purement *permissive*. C'est une simple
tolérance d'un abus de forces dans des agents supérieurs
à l'homme, en punition des imprudentes tentatives de
celui-ci.

Il est pourtant une explication plus favorable au
caractère prodigieux du magnétisme : celle qu'expose
avec tant de conviction le docteur Billot, auteur *des
Recherches psychologiques sur la cause des phénomènes
extraordinaires observés chez les modernes voyants,
improprement dits somnambules magnétiques.* D'après
lui, le fluide magnétique ne peut expliquer les faits
que lui-même a observés, et dont il a été à la fois le
témoin et l'agent provocateur. L'action des bons et des
mauvais anges mettant en œuvre la lumière primitive,
voilà qui explique tous les phénomènes à tous les dégrès
de l'échelle magnétique. Il y a des règles sûres pour faire
le discernement des bons et des mauvais génies et de
leurs actions respectives. Le magnétisé est donc trans-
porté dans un monde nouveau ; il ne voit plus des yeux
du corps; la lumière des esprits, la lumière vierge
l'éclaire. Là il contemple les choses divines et humaines.
Il est en communication directe avec les anges qui
l'avertissent, l'instruisent, rapprochent les personnes et
les choses devant lui. C'est un vrai théorama, une
théoscopie admirable, une *athanatophanie* ravissante.
C'est la *grande science.* Là on se trouve sous l'action
magnatique, d'agents supérieurs, *théurgique* de Dieu.
Telle est la cause de la lucidité, de la clairvoyance, des
prédictions des magnétisés, et même, on a l'air de le
dire, des vrais prophètes de l'Ancien et du Nouveau

Testament. Assurément il est impossible de se faire une idée plus avantageuse du magnétisme, ou plutôt du *magnatisme*, comme parle l'auteur *des Recherches*.

Mais le nom n'y fait rien. Le *magnatisme* et le magnétisme sont identiques, quant aux procédés et aux phénomènes; ils ne diffèrent que comme théories. Or, dès que l'on conserve les méthodes et les procédés fondamentaux du magnétisme pour produire le sommeil, l'extase, la suspension des sens; dès que l'on regarde cet état comme le moyen de se mettre en communication avec les anges ou les démons, comme la condition qui doit réaliser à l'égard de celui qui en est passif, un ordre de phénomènes aussi étonnants que les visions et les révélations divines; dès-lors aussi on doit reconnaître qu'il est donné aux hommes de se procurer ces inestimables avantages, par le secours d'un art tant soit peu indécent et fort dangereux, au moyen de l'influence physico-morale qu'ils peuvent exercer sur d'autres hommes, actuellement ou même virtuellement, par un acte de leur volonté, par un seul geste, une fois que les rapports sont établis entre le magnétiseur et le magnétisé, et que la dépendance de celui-ci à l'égard de celui-là, pour toute espèce d'épreuves, est déjà assurée. Ici encore il n'y a pas d'intervention spéciale de la Providence. C'est un ordre commun tout trouvé, qui a ses lois, ses conditions et ses effets constants. Sous quelque rapport que l'on considère le magnétisme, il se distingue donc essentiellement de ces grands actes de la toute-puissance que nous appelons des miracles, des prodiges, des merveilles, des signes divins. Il n'entrait pas dans notre plan d'apprécier la valeur intrinsèque du magnétisme. Nous ne devions le considérer que dans ses rap-

ports avec la question du miracle. Ce que nous avons
été obligés d'en dire, en montre déjà les illusions et les
dangers. Mais nous ne devons pas laisser ignorer que
nous regardons la théorie *magnatique* en particulier
comme quelque chose de fort dangereux pour les mœurs,
d'injurieux à la Providence et aux bons anges.

Il ne peut y avoir des moyens naturels, de procédés
physiques et moraux légitimes, pour nous mettre en
communication avec les esprits qui nous sont supérieurs, pour obtenir des effets extraordinaires et presque
miraculeux. L'Église n'ignorerait pas ces moyens, et ils
lui sont inconnus. Les manifestations extraordinaires
des anges ont toujours été à ses yeux des grâces signa-
lées, et nullement des effets à la manière des choses que
Dieu a mises en notre pouvoir. Recourir au magnétisme
pour se voir honoré de la vision des anges, ou pour
s'instruire à leur école, c'est tenter Dieu, c'est poser
une cause qui n'a aucun rapport naturel avec la fin qu'on
se propose, c'est tomber dans la superstition. La théorie *magnatique* est injurieuse à la providence surnaturelle de Dieu : car elle suppose que la révélation et l'ordre
de grâces qu'elle a établi dans l'Église, ne suffisent pas ;
elle suppose que nous pouvons encore attendre beaucoup
du magnétisme qui est par excellence *la grande science*;
elle suppose enfin que cette providence a voulu faire
dépandre notre initiation à un ordre de phénomènes
surnaturels et presque divins, de procédés dangereux
pour nos mœurs, d'une sorte d'attentat à la liberté naturelle, de l'abus de la force sur des êtres faibles et con-
fiants, d'un état enfin dont on serait honteux, s'il n'était
pas artificiel ; du somnambulisme, de cette infirmité
qu'un célèbre médecin place entre la folie et l'épilepsie.

Elle est injurieuse aux bons anges qu'elle met aux ordres du premier venu, à qui elle fait jouer des rôles ridicules, qu'elle met continuellement en contact, en concurrence avec les demons, qu'elle rend en quelque sorte complices des affections coupables, des procédés peu décents des agents du magnétisme, des accidents, des convulsions, des mécomptes qui en sont si souvent l'appendice. Si c'était des anges qui intervinssent dans les phénomènes *magnatiques*, assurément ce ne serait pas des anges confirmés en grâce, à moins que, par un bienfait tout particulier de la Providence envers des personnes innocemment abusées, ils ne vinssent quelquefois prévenir secrètement de plus grands malheurs.

Le *magnatisme*, s'il était pris au sérieux, ce qu'à Dieu ne plaise, ne serait donc, chez ceux qui auraient moins de foi et de religion, qu'une reproduction et une variété de la magie et du pythonisme si solennellement condamnés dans les Livres Saints, de la théurgie des Jamblique, des Julien, et, après nous avoir donné des théosophes, il produirait des illuminés, des gnostiques, des enthousiastes, des naturalistes; car bientôt on croirait avoir trouvé le secret des Voyants et des Prophètes de l'ancienne et de la nouvelle Loi.

(La lettre pastorale rapporte la décision donnée par la Congrégation du Saint-Office à Rome, insérée dans les Annales de la Philosophie chrétienne du mois de janvier 1841). La voici :

« N.*** supplie Votre Sainteté de vouloir bien lui faire savoir, pour l'instruction et la tranquillité de sa conscience, et aussi pour la direction des ames, s'il est permis aux pénitents de prendre part aux opérations du magnétisme. »

« La troisième férie, 23 juin 1840, dans le Congrégation générale de l'Inquisition romaine , tenue dans le
couvent de Sainte-Marie de la Minerve, devant les car-
dinaux, la demande ci-dessus ayant été proposée, leurs
éminences ont dit que l'auteur de la supplique devait
consulter les auteurs approuvés, en observant qu'en écar-
tant toute erreur, sortilége, invocation explicite ou implicite du démon, le simple acte d'employer des moyens
physiques , d'ailleurs permis , n'était point moralement
défendu, pourvu qu'il ne tende point à une fin illicite ou
qui soit mauvaise en quelque manière. Quant à l'application du principe et des moyens purement physiques ,
à des choses ou effets vraiment surnaturels, ce n'est
qu'une déception tout à fait illicite et digne des hérétiques. »

NOTE DE L'ÉDITEUR.

—

La décision ci-dessus porte d'abord, que l'auteur de la supplique devait consulter les auteurs
approuvés. Parmi les livres approuvés, nous citerons en première ligne *le Rituel romain* et tous
les autres Rituels qui, en donnant les formules
d'exorcismes pour délivrer les possédés, indiquent
les signes auxquels on reconnaît l'obsession et la
possession des démons. Or, parmi ces signes
non équivoques , se trouvent tous ceux que pré-

sentent les somnambules magnétiques, comme *de découvrir les choses cachées, parler ou comprendre des langues qu'ils n'ont point apprises,* etc. Nous citerons encore la *Théologie de saint Ligory,* l'ouvrage du P. Delrio, intitulé : *Recherches magiques,* qui traite du maléfice somnifique, et d'autres opérations magiques ; le *Traité des superstitions,* par le curé Thiers ; le *Catéchisme spirituel* du Père Surin ; l'*Abrégé de l'histoire de la possession des Ursulines de Laudun,* par le même auteur (1).

Ces ouvrages ne laissent aucun doute que le magnétisme animal ou vital ne soit le *maléfice somnifique,* opération magique ancienne, déguisée et renouvelée par Mesmer.

La décision du Saint-Office porte qu'on doit écarter toute erreur, sortilège, invocation explicite et implicite du démon. Or, dans l'opération du magnétisme, il y a sortilège et invocation implicite du démon de la part des magnétiseurs, qui ignorent la plupart que cette opération est un maléfice, un sortilège. Il y a donc erreur de leur part.

D'ailleurs, il est évident que les effets du magnétisme sont surnaturels et que vouloir les

(1) Se vend chez Alban Broche, imprimeur-libraire, à Bagnols (Gard), 1 vol. in-12, broch. 1 fr. et 1 fr. 80 centimes franc de port, par la poste.

obtenir par des moyens purement physiques, tels
que les *gestes*, les *attouchements* et les *passés*, ce
n'est qu'une déception tout à fait illicite et digne
des hérétiques.

Au surplus, le journal de Berlin dès la fin de
l'année 1784, qualifiait Mesmer de *magicien* et
ajoutait que depuis douze ans, il avait perdu
toute réputation dans sa patrie, et qu'en 1775
l'Académie des Sciences de Berlin avait déclaré
absurdes, ses théorèmes. Le *Mercure politique, ou
Journal de Genève du 22 janvier* 1785, qualifie
Mesmer de la même manière. Voici comment
s'exprime ce journal :

Mercure du 22 janvier 1785, N° 4, (*page* 154).

De Francfort, le 9 janvier.

« On vient de dénoncer au public, dans le
journal de Berlin, l'estampe qui représente le
fameux Thaumaturge, comte de Cagliostro, dédié
à feu comte de Milly, et tirée du cabinet de
Mme la marquise d'Urfé. Le journaliste saisit cette
occasion pour verser le ridicule sur toutes les
inepties dont quelques sociétés d'alchimistes
tâchent d'infatuer l'Europe depuis quelques
années. »

« Il est curieux, sans doute, de savoir ce qu'on

pense de M. Mesmer et de sa conduite en Allemagne. Le même auteur a consacré un article à ce médecin ; il dit que l'Allemagne use de représailles envers la France qui, après lui avoir envoyé tant de charlatans dont on s'était moqué chez eux, vient de s'enthousiasmer pour un *magicien* allemand qui, depuis douze ans, avait perdu toute réputation dans sa patrie. »

Le journal de Paris, N° 44, 1784, rapporte plusieurs opérations magiques de Mesmer.

« M. Mesmer, dit-il, se trouvant un jour avec MM. Camp*** et d'E*** auprès du grand bassin de Meudon, leur proposa de passer alternativement de l'autre côté du bassin, tandis qu'il resterait à sa place. Il leur fit plonger une canne dans l'eau et y plongea la sienne. A cette distance, M. Camp*** ressentit une attaque d'asthme et M. d'E*** la douleur au foie à laquelle il était sujet (1). »

Un autre jour, M. Mesmer se promenait dans les bois d'une terre au-delà d'Orléans. Deux demoiselles profitant de la liberté de la campagne, devancèrent la compagnie pour courir gaîment après lui. Il se mit à fuir ; mais bientôt revenant sur ses pas, *il leur présenta sa canne, en leur*

_____

(1) Il n'y a pas de doute que cette attaque d'asthme et la douleur au foie avaient pour cause l'opération du démon.

défendant d'aller plus loin. Aussitôt leurs genoux ployèrent sous elles. Il leur fut impossible d'avancer. »

« Un soir, M. Mesmer descendit avec six personnes dans le jardin de Monseigneur le prince de Soubise. *Il prépara un arbre et peu de temps après Madame la marquise de*** et mesdemoiselles de Pr*** tombèrent sans connaissance. Madame la duch. de C.*** se tenait à l'arbre sans pouvoir le quitter. M. le C.*** de Mons.*** fut obligé de s'asseoir sur un banc, faute de pouvoir se tenir sur ses jambes. Je ne me rappèle pas quel effet éprouva M. Ang.***, homme très vigoureux; mais il fut terrible. Alors M. Mesmer appela son domestique pour enlever les corps; mais je ne sais par quelles dispositions celui-ci, quoique fort accoutumé à ces sortes de scènes, se trouva hors d'état d'agir. Il fallut attendre assez long-temps, pour qu'on pût retourner chez soi.* »

Le docteur Thouret, dans son ouvrage ayant pour titre : *Recherches sur le Magnétisme,* cite aussi ces faits, qui prouvent combien les magiciens d'un ordre supérieur, tels que Mesmer, opérant par le maléfice somnifique ou magnétisme animal, peuvent abuser de ce pouvoir diabolique tant sur les hommes, les personnes du sexe, que sur les animaux. Le magicien pose son sortilège sous un arbre ou sur un chemin, et les hommes et les femmes, et les filles qui passent sous cet arbre

un sur ce chemin , sans donner aucun consentement, sans même connaître le magicien et ne
l'avoir jamais vu , se trouvent frappés de paralysie ou de léthargie par le diable, qui les met,
par ce moyen, entièrement à la disposition du
magicien , qui peut les voler , les violer , les
empoisonner , les mutiler, en un mot, en faire
tout ce qu'il voudra, sans que les victimes puissent découvrir les auteurs du crime.

SUPERSTITIONS

ET PRESTIGES

Des Philosophes,

Par l'abbé Wurtz.

CHAPITRE 1er.

Notions préliminaires.

§ 1er.

Remplis de sentiments d'admiration pour eux-mêmes, les prétendus sages de nos jours n'ont cessé de prodiguer les épithètes les plus injurieuses à la vénérable antiquité. S'il faut les en croire, ce n'est que dans ces derniers temps, six mille ans après la création, que l'homme est parvenu à l'âge de raison ; jusque-là le monde était resté dans l'enfance. Tous les peuples, tant anciens que modernes, n'avaient que l'ignorance et les superstitions en partage. La religion chrétienne, loin d'avoir dissipé les antiques ténèbres, n'avait fait que les étendre d'avantage et les rendre plus épaisses. Il fallait nécessairement que le soleil de la philosophie vînt éclairer l'univers, pour dissiper cette nuit profonde, chasser toutes les erreurs et tous les préjugés.

Eh bien, voyons ce qu'il faut penser de l'orgueilleuse

jactance, de nos fameux éclaireurs. Serait-il possible de prouver que ces sublimes génies, qui se vantent d'avoir répandu dans le monde la véritable lumière, sont eux-mêmes les plus aveugles et les plus superstitieux des hommes? Il ne s'agit de rien moins que de les accuser d'avoir renouvelé par l'intervention du démon, tout ce qu'il y avait de plus honteux et de plus abominable dans le paganisme.

Quoi donc? C'est dans un siècle comme le nôtre, que l'on se permet d'avancer un paradoxe si ridicule et si digne de pitié! Qui pourra jamais croire, que des esprits forts, qui ont si bien prouvé que le diable n'existe pas, aient eux-mêmes été dupés et séduits par lui, jusqu'au point d'emprunter sa puissance pour opérer des prestiges marqués au coin de l'enfer? Qui ne sera étonné d'une assertion si hardie et si extraordinaire?

Oui, sans doute, notre hardiesse est extrême; mais nous espérons que les amis de la vérité, seront satisfaits des preuves que nous avons à leur présenter. Qui sait même si ce petit ouvrage, tout imparfait qu'il est, ne causera pas quelque peu de chagrin à certains hommes, qui affectent de ne rien croire et s'il ne les fera pas rougir d'avoir si mal connu les faux sages, dont ils ont suivi les maximes, et qui, sous prétexte de faire la guerre à la superstition, sont tombés eux-mêmes dans les superstitions les plus détestables?

Cependant, lorsque nous accusons les philosophes modernes d'avoir opéré des prestiges par l'intervention des Anges réprouvés, il est bien entendu que cette terrible accusation ne doit pas être dirigée contre tous en général. Il en est des prétendus réformateurs du genre humain, comme des prétendus réformateurs de l'Église, qui les

nt précédés. Ils sont divisés en diverses classes, selon
es divers systèmes qu'ils ont adoptés. On distingue les
thées, les matérialistes, les déistes, les sociniens, les
imples incrédules, les indifférents, et surtout les illu-
ninés, multipliés et divisés à l'infini. Tous n'ont pas pro-
essé les mêmes impiétés, ni commis les mêmes attentats.
ls sont plus ou moins coupables contre la Religion et la
ociété. Il serait donc injuste de vouloir leur imputer à
ous les abominations que nous nous proposons de dé-
oiler.

§ II.

Principes et définitions.

Le miracle est un effet surnaturel produit par la puis-
ance de Dieu.

Le prestige est un effet surnaturel produit par la puis-
ance du démon.

- Lorsque celui qui opère un prodige, prêche une doc-
rine parfaitement conforme à celle de l'Évangile et de
'Église, il doit être regardé comme un agent de la
livinité.

: Lorsque celui qui opère un prodige prêche une doctrine
pposée aux vrais principes de la foi et de la vertu, il
loit être regardé comme un agent de l'enfer.

Quelque puisse être la puissance du démon, il ne parviendra jamais à séduire que ceux qui, par la perversité
le leur esprit et de leur cœur, méritent d'être trompés.

Dans toutes les suppositions imaginables, si Dieu permet que Satan opère des prodiges, il ménage toujours
aux cœurs droits une porte ouverte pour échapper à la
séduction.

La même règle infaillible, qui apprend aux fidèles à distinguer la vérité de l'erreur, leur sert à distinguer le miracle du prestige. C'est l'autorité de l'Église enseignante. Souvent il suffit d'employer cette simple maxime du fils de Dieu : *A fructibus eorum cognoscetis eos.* On juge de la bonté d'un arbre par ses fruits.

On distingue deux sortes de magies : la magie blanche et la magie noire.

La magie blanche, consiste à produire des effets surprenants, soit par adresse, soit par une connaissance profonde des lois de la physique. Elle est innocente par elle-même, mais il est dangereux d'en abuser.

La magie noire est la plus grande des horreurs. Elle consiste à faire des choses surhumaines par suite d'un pacte exprès ou tacite conclu avec le démon.

Pour être coupable de ce crime exécrable, il n'est pas nécessaire d'avoir une communication réelle avec l'enfer; il suffit de se servir volontairement et sciemment des signes, dont le démon est convenu, pour prêter sa puissance à l'homme.

Souvent il arrive que les démonolâtres, pour ne pas être réconnus, melangent la magie blanche avec la magie noire produisant alternativement des effets purement physiques et des effets purement diaboliques.

Toutes les fois qu'il s'agit d'un miracle ou d'un prestige, il faut suspendre son jugement, et commencer par examiner de la manière la plus sévère ; 1° si le fait que l'on raconte est véritablement surnaturel ; 2° s'il est appuyé sur des preuves solides et incontestables. Sans ces deux conditions duement remplies, la croyance devient sotte crédulité et dégénère en superstition.

§ III.

Comment Satan peut opérer des prodiges.

Les anges rebelles, déchus de la dignité de leur origine, et dépouillés des rares perfection dont il étaient ornés avant leur peché, ne laissent pas d'avoir encore des facultés incomparablement supérieures à celles de l'homme. Ils peuvent faire naturellement et très facilement une infinité de choses qui surpassent les forces de la nature humaine. Expliquons ceci par un exemple tiré de l'Histoire Ancienne de Rollin.

Le fameux Crésus se proposant de marcher contre Cyrus, conquérant célèbre dans les annales sacrées et profanes, juge à propos de consulter les oracles sur le succès de son entreprise. Mais auparavant il croit devoir les mettre à l'épreuve, pour apprendre s'ils sont capables de découvrir les choses cachées à l'intelligence humaine.

Sans communiquer son dessein à personne, il envoie des députés aux oracles les plus renommés de la Grèce, pour leur proposer la question suivante: Que faisait Crésus à tel jour et à telle heure? Le terme désigné étant arrivé, il descend seul dans un souterrain, et fait cuire lui-même une tortue avec un agneau, dans un chaudron d'airain, fermé par un couvercle de même métal.

Bientôt arrivent les réponses des oracles : toutes se trouvèrent d'une fausseté parfaite, excepté la réponse de celui de Delphes, conçue en ces termes :

» Je connais le nombre des grains de sable de la mer

» et la mesure de son immensité.... Je sens l'odeur
» forte d'une tortue cuite dans l'airain avec des chairs
» de brebis : Airain dessous, airain dessus ».

Frappé de la vérité de cette réponse, Crésus envoie
au temple de Delphes des présents en or, proportionnés
à ses immenses richesses.

A coup sûr, il était audessus de la portée de l'esprit
humain de deviner le secret du roi de Lydie, avec cette
extrême justesse. Mais, pour le démon, rien n'était plus
facile. C'est un pur esprit; il peut dans un clin-d'œil par-
courir l'univers d'une extremité à l'autre, et faire en
réalité ce que notre ame n'exécute que par la pensée.
Par la même raison, il pénètre dans les lieux les plus
secrets; et connaît ce qui se passe à une distance immense. Bien plus, c'est peut-être lui-même qui avait
inspiré ce dessein à Crésus, pour en faire sa dupe et
pour accréditer aux dépens de ce Prince, l'oracle le plus
célèbre du paganisme.

On conçoit donc que Satan peut faire des choses surnaturelles. Mais il importe de savoir si en effet il existe
des démonolâtres : c'est-à-dire des hommes qui puissent,
par l'intervention des Anges réprouvés, opérer de prodiges marqués au coin de l'enfer.

§ IV.

La magie est—elle un art réel ?

Croire à l'existence de la magie, c'est croire à l'exis-
tance des démons, c'est donner gain de cause à ceux
qui professent la religion de Jésus-Christ. Voilà préci-

sément la première et la principale raison qui a, en quelque sorte, forcé les philosophes du dix-huitième siècle, à mettre la magie au rang des vieilles chimères. Dès qu'on leur parle d'œuvres merveilleuses opérées par la puissance des anges rebelles, s'ils ne trouvent pas quelques raisons bonnes ou mauvaises pour expliquer les faits d'une manière naturelle, ils ont recours à leur expédient ordinaire, qui est de nier tout ce qui les embarrasse, et de donner le démenti à toutes les autorités sacrées et profanes qu'on peut leur objecter. On sent qu'il est difficile d'avoir raison contre des gens de ce caractère. Cependant ils ne sont pas si incrédules dans toutes les circonstances. S'agit-il, par exemple, des prodiges attribués à un fameux magicien du paganisme appelé Apollonius de Thiane, ils les admettent volontiers, mais uniquement pour avoir l'abominable plaisir de les mettre en opposition avec les miracles du fils de Dieu.

Quelques écrivains orthodoxes, recommandables par d'excellents ouvrages, sont accusés d'avoir suivi la mode de nos *éclaireurs*, et de s'être joints à eux pour nier l'existence des magiciens. Sans doute leur intention était fort bonne. Ils ont voulu faire tomber ce tas de contes absurdes et ridicules que l'on débitait sur les sorciers, et qui répandaient parmi le peuple l'esprit de superstition ; mais en voulant corriger un abus très blâmable, ils ont eu le malheur, ou plutôt la mal-adresse d'offenser la vérité. Il y avait deux écueils à éviter, et n'ayant pas su prendre un juste milieu, ils sont tombés, d'un danger dans un autre. Sous prétexte de combattre la sotte crédulité du vulgaire ignorant, ils ont fortifié l'incrédulité des impies, qui nient effrontément et les miracles du vrai Dieu, et les prestiges de Satan, qui rejettent toute espèce de faits surnaturels, soit divins soit diaboliques ; qui attribuent aux lois secrètes de la nature et de la physique tous les événements merveilleux racontés dans l'histoire sacrée et profane ; qui, pour ne pas être forcés de croire a la Religion, tournent en dérision et l'intervention des intelligences célestes, et l'intervention des intelligences infernales.

Une incrédulité si débontée n'est-elle pas infiniment plus baïssable et plus dangereuse que la sotte crédulité? Ce dernière déshonore sa religion et devient la source des plus déplorables abus : mais l'autre sappe les fondements de la foi, encourage le crime, fomente le libertinage, et produit les scélérats.

Le vrai sage évite les extrêmes. Il rejette avec dedain les faits prétendus surnaturels, répandus et préconisés par l'ignorance et la mauvaise foi ; mais il admet les miracles du vrai Dieu et les prestiges de Satan, lorsqu'ils ont passé par le creuset d'une critique sévère et qu'ils sont rapportés par des témoins et des autorités irrécusables. Voyons donc les preuves et les témoignages qui démontrent que la magie noire est un art réel.

CHAPITRE II.

L'existence des Magiciens démontrée par les livres
de l'Ancien-Testament.

§ Ier.

PREMIÈRE PREUVE.

Les Magiciens de Pharaon.

(*Exod.* c. VII. 8.) « Le Seigneur dit alors à Moise et
à Aaron : Lorsque Pharaon vous dira, faites des miracles
en notre présence; vous direz à Aaron : Prenez votre
verge et jetez-la devant Pharaon ; et elle sera changée
en Serpent. Lors donc que Moïse et Aaron furent entrés
chez Pharaon, ils firent ce que le Seigneur leur avait
commandé ; Aaron jeta sa verge devant Pharaon et ses
serviteurs, et elle fut changée en Serpent. Or, Pharaon
fit venir les Sages et les magiciens, et ils firent aussi la
même chose par des enchantements Égyptiens et par
certains secrets de leur art. Tous jetèrent leurs verges,
lesquelles furent changées en serpents ; mais la verge
d'Aaron dévora leurs verges. »

Dieu, dans sa juste indignation contre Pharaon et les
Egyptiens, voulant endurcir le cœur de ce prince afin
de le punir, lui et ses sujets, d'une manière aussi juste
qu'épouvantable, permit que les premiers prodiges opérés par Moïse et son frère Aaron, fussent parfaitement
imités par les magiciens. Les expressions de l'écriture
sont nettes et formelles. Les sages d'Egypte, par leurs

enchantements et par les secrets de leur art, changèrent leurs verges en serpent, de sorte que la supériorité de la puissance de deux envoyés de Dieu, n'aurait pu être distinguée si le Serpent d'Aaron n'eût dévoré les serpents des magiciens.

Certains savans, qui ont le talent de prouver qu'il fait nuit en plein midi, pour ne pas être contraints à reconnaitre que la magie est un art réel, font sur ce passage un singulier commentaire. Ils soutiennent que les magiciens, par leurs prétendus enchantements, ne firent autre chose, sinon de fasciner les yeux des spectateurs. Tels que les malades en délire, Pharaon et ses courtisans ayant l'imagination frappée, voyaient ce qui n'existait pas et prenaient des baguettes pour des serpents.

Est-ce ainsi que l'on doit entendre ces paroles du texte sacré? *Les magiciens jetèrent leurs verges, lesquelles furent changées en serpents.* Les auteurs de cette étrange interprétation auraient donc dû ajouter que Moïse ne connaissait par les règles du langage et qu'il aurait mieux fait de s'exprimer ainsi; « et les magiciens ayant jeté leurs verges, Pharaon et ses serviteurs furent tout à coup atteints d'une maladie hypocondriaque et rêvèrent qu'ils voyaient des serpents. » Au reste faire rêver les gens de cette manière, c'est déjà un assez beau prodige. Voyons la suite.

L'historien sacré, après avoir rapporté que le prodige des eaux changées en sang, fut également imité par les magiciens, continue en ces termes, (c. viii, 5). « Et le
» Seigneur dit à Moïse; dites à Aaron : étendez votre
» main sur les fleuves, sur les rivières et sur les marais,
» et amenez les grenouilles sur la terre d'Egypte. Et

» Aaron étendit sa main sur les eaux de l'Egypte, et les
» grenouilles montèrent et couvrirent la terre d'Egypte.
» Or, les magiciens firent la même chose par leurs
» enchantements et amenèrent les grenouilles sur la terre
» d'Egypte.... Aaron étendit la verge qu'il tenait à la
» main et frappa la poussière de la terre, et des mouche-
» rons s'attachèrent aux hommes et aux animaux. Toute
» la poussière de la terre fut changée en moucherons
» dans tout le pays d'Egypte. Et les magiciens firent la
» même chose par leurs enchantements, pour produire
» des moucherons, et ils ne le purent pas (*non potuerunt*),
» les hommes et les animaux étaient couverts de mou-
» cherons. Et les magiciens dirent à Pharaon : le doigt
» de Dieu est ici (*Digitus Dei est hic*). »

Enfin, les magiciens sont obligés d'avouer leur défaite,
et de rendre hommage à la puissance de Dieu ; ils essayè-
rent de produire des moucherons et ils n'en vinrent pas à
bout. Donc ils avaient réussi dans l'imitation des trois
premiers prodiges ; mais arrivés au quatrième, ils sont
confondus et déclarèrent nettement à Pharaon qu'il n'est
point en leur pouvoir de produire des moucherons, et
reconnaissent dans ce prodige une puissance divine supérieure à la leur. *Digitus Dei est hic.*

En dernière analyse, le texte sacré dit expressément
que les magiciens firent paraître des serpents, du sang et
des grenouilles, mais qu'il leur fut impossile de produire
des moucherons. Reste à conclure qu'ils étaient de vrais
démonolâtres, et que la magie est un art réel.

=

§ II.

Deuxième preuve.

Lois contre les Magiciens.

(Deuteronome, c, xviii. 9). « Lorsque vous serez
» dans le pays que le Seigneur votre Dieu vous donnera,
» prenez bien garde de ne pas vouloir imiter les abomi-
» nations de ces peuples : et qu'il ne se trouve personne
» parmi vous, qui prétende purifier son fils ou sa fille,
» en la faisant passer par le feu ou qui consulte les devins,
» ou qui observe les songes et les augures, ou qui use
» de maléfices, de sortiléges et d'enchantements, ou
» qui consulte ceux qui ont l'esprit de Python et qui se
» mêlent de deviner, ou qui interroge les morts pour
» apprendre d'eux la vérité. Car le Seigneur a en abomi-
» nation toutes ces choses; et il exterminera tous ces
» peuples à votre entrée, à cause de ces sortes de crimes
» qu'il commet. »

(*Lévitique*, c, xx. 6). Si un homme se détourne de
moi, pour aller trouver les magiciens et les devins, et
fornique avec eux, je dirigerai sur lui l'œil de ma colère,
et je l'exterminerai au milieu de son peuple.

(*Idem* c, xx, 27). « Si un homme, ou une femme
» a un esprit de Python, ou un esprit de divination,
» qu'ils soient punis de mort : ils seront ensevelis sous
» une grille de pierres : que leur sang réjaillisse sur leur
» tête. »

Sans entrer dans aucune explication sur certaines paroles remarquables, qui se trouvent dans ces textes de
la loi, et qui reparaîtront en temps et lieu, voici ce que

personne ne peut contester. Dieu déclare que ces trois sortes d'hommes seront exterminés : 1° Les Cananéens adonnés à toutes les abominations de la magie ; 2° ceux qui auront recours aux devins et aux magiciens ; 3° ceux qui se feront un métier de deviner par le moyen d'un esprit de Python ou de divination.

Tous ces textes ne disent pas formellement que la magie soit un art réel, mais ils le supposent. Pourquoi cette sentence de mort contre les magiciens et contre tous ceux qui vont les consulter, si ce n'est parce que les sortiléges, les enchantements, les maléfices, les divinations, les épreuves par le feu, l'évocation des morts, et tous les crimes de ce genre, sont l'effet d'une communication réelle avec l'esprit de ténèbres ? Si tout cela n'est que fourberie, jonglerie, sotte crédulité, chimère, d'où vient que Dieu ne dit pas un seul mot aux Israélites pour les avertir qu'il ne faut pas y croire? Bien loin de les retirer de leur prétendue erreur, il les y confirme et leur annonce que le pays, qu'ils vont occuper, est rempli de toutes ces abominations, et qu'ils ne doivent pas y prendre part. Jamais il ne leur dit, ne le croyez pas, mais toujours, gardez-vous de le faire vous-mêmes. N'était-ce pas leur laisser entrevoir qu'il y avait dans ces pratiques quelque malice cachée, très-exécrable et digne des plus terribles châtiments? Donc les lois divines contre la magie, en supposent la réalité.

§ III.

Troisième preuve.

La Pythonisse d'Endor.

(*Livre des Rois*, c,xxiii, 6). « Saül consulta le Sei-
» gneur : et Dieu ne lui répondit ni en songes, ni par
» les prêtres, ni par les prophètes. Et il dit à ses officiers :
» Cherchez-moi une femme qui ait l'esprit de Python, et
» j'irai la trouver et je la consulterai ; et ses serviteurs
» lui dirent : Il y a une Pythonisse à Endor. Ainsi donc
» Saül se déguisa, et s'étant travesti, il s'en alla, se fai-
» sant accompagner de deux hommes. Ils arrivèrent de
» nuit chez cette femme et le prince lui dit : consultez
» pour moi l'esprit de Python, évoquez-moi celui que
» je vous dirai. Et la femme lui répondit : voilà que vous
» savez tout ce que Saül a fait, et de quelle manière il a
» exterminé de son royaume les magiciens et les devins ;
» pourquoi donc me tendez-vous des pièges, pour me
» faire mourir. Saül lui jura par le Seigneur, en lui
» disant : Vive le Seigneur, il ne vous arrivera de ceci
» aucun mal. Et la femme lui dit : Qui voulez-vous que
» je vous fasse paraître ? Il lui répondit : Faites-moi venir
» le prophète Samuel. Or la femme, ayant vu Samuel,
» jeta un grand cri, et dit à Saül : pourquoi m'avez-vous
» trompée ? Car vous êtes Saül. Et le Roi lui dit : Ne
» craignez rien ; qu'avez-vous vu ? Et la femme dit à
» Saül : J'ai vu des dieux sortant de la terre, et il lui
» dit : Comment est-il fait ? Elle répondit : C'est un vieil-
» lard qui est enveloppé d'un manteau. Et Saül comprit
» que c'était Samuel, et il se prosterna la face contre

» terre, et lui rendit un profond hommage. Or, Samuel
» dit à Saül : Pourquoi avez-vous troublé mon repos, et
» m'avez-vous fait apparaître ?.... »

(*Ecclésiastique*, xlvi, 23). « Après cela Samuel mou-
» rut, et il déclara et fit connaître au Roi, que la fin de
» sa vie était proche ; il éleva sa voix du sein de la terre
» en prophétisant, pour détruire l'impiété de la na-
» tion. »

(*Paralipomènes*, x, 13). « Saül mourut donc pour
» ses iniquités, parce qu'il avait contrevenu aux ordres
» du Seigneur, et ne les avait pas observés, et de plus
» pour avoir consulté la Pythonisse, au lieu d'espérer
» dans le Seigneur. »

D'après ces passages, écrits sous la dictée de l'esprit
saint, on est forcé d'admettre que le prophète Samuel
apparut à la Pythonisse d'Endor, soit dans sa forme
réelle, soit dans un corps fantastique. Le livre des Rois
raconte le fait d'une manière claire et circonstanciée. Le
livre de l'Ecclésiastique dit formellement que Samuel,
après sa mort, prophétisa et prédit la fin tragique de
Saül ; le livre des Paralipomènes y fait allusion, en disant
que ce prince périt à cause de sa désobéissance, et spécialement à cause de l'iniquité qui l'avait porté à consulter
l'esprit de Python.

Mais cette étrange apparition doit-elle être attribuée à
la force des charmes de la magicienne, ou à la puissance de
Dieu lui-même ? L'un et l'autre sentiments peuvent se soutenir. Il ne s'agit point d'examiner lequel des deux mérite la préférence : il suffit de montrer que, quelque soit
l'opinion que l'on adopte, on ne peut se dispenser de
conclure de ce fait, que la magie est un art réel.

Dans le système de ceux qui pensent que Samuel fut

évoqué par une opération diabolique, la thèse mise en question est démontrée.

Si, au contraire, on juge que le démon ne pouvait avoir aucun pouvoir sur un Prophète, sur un saint personnage, tel que Samuel, et que pour expliquer le fait arrivé à Endor, il soit mieux de recourir à un miracle du vrai Dieu, il n'en sera pas moins très clairement prouvé, que l'art d'évoquer les morts par des opérations magiques, a réellement existé. Et pourquoi? C'est que Saül et ses sujets croyaient à cet art infernal. Ce prince après avoir vainement consulté le Seigneur, finit par dire: Qu'on me cherche une Phytonisse; à l'instant même on lui répond: Il y en a une à Endor. Sans se soucier des ordonnances de mort, qu'il avait lui-même publiées, contre les devins et les magiciens, il part aussitôt pour aller consulter la prophétesse de Satan. Admettons que Dieu, dans cette circonstance, ait fait apparaître Samuël, pour punir Saül de son impiété, et lui prédire sa juste destinée. Pourquoi donc l'historien sacré n'a-t-il pas soin de prévenir que la magie ne peut rien de pareil? N'est-il pas clair comme le jour, que Dieu, en faisant un miracle dans la maison même de la magicienne, confirme le peuple dans sa croyance à la magie?

Si cette croyance est une erreur, une absurdité, pourquoi l'Écriture, qui en parle si souvent, n'ajoute-t-elle jamais un seul mot, pour la combattre et la détruire? En cent endroits elle parle de la magie comme d'un crime abominable; elle prononce les peines les plus terribles et contre les magiciens et contre ceux qui vont les consulter, et jamais le moindre avertissement pour dire aux hommes que cet art n'est qu'une chimère. Bien loin de les désabuser, elle ne cesse de raconter des faits qui en supposent la réalité. Donc il existe une magie diabolique.

Ceux qui désirent apprendre à fond tout ce qui a été dit au sujet de la Pythonisse d'Endor, peuvent lire la savante dissertation de la Bible de Vence, sur l'apparition de Samuel.

§ IV.

L'EXISTENCE DES DÉMONOLATRES DÉMONTRÉE PAR LES LIVRES DU NOUVEAU-TESTAMENT.

Quatrième article.

La Pythonisse de Philippes, en Macédoine.

(*Act. des Ap.*, c, XVI, 16). « Or il arriva, que comme
» nous allions au lieu de la prière, nous rencontrâmes
» une servante, qui, ayant un esprit de Python, appor-
» tait un grand gain à ses maîtres en devinant.

» Elle se mit à nous suivre, Paul et nous, en criant :
» ces hommes sont des serviteurs du Très-Haut, qui
» vous annoncent la voie du salut.

» Elle fit la même chose pendant plusieurs jours ; mais
» Paul ayant peine à la souffrir, se tourna vers elle et
» dit à l'esprit : je te commande, au nom de Jésus-Christ,
» de sortir de cette fille : et il sortit à l'heure même.

» Mais les maîtres de cette servante voyant qu'ils
» avaient perdu l'espérance de leur gain, se saisirent de
» Paul et de Silas, et les amenèrent au palais devant les
princes ; et les présentant aux magistrats, ils dirent :
ces hommes troublent toute notre ville ; car ce sont
» des juifs. »

De ce texte il suit : 1° qu'une fille demeurant à Philippes en Macédoine, était possédée par un esprit de Python ; 2° qu'elle rapportait un gran gain à ses maîtres, en découvrant des choses cachées ; 3° que l'esprit qui habitait en elle, semblable à plusieurs démons dont il est parlé dans l'Évangile rendit hommage à la vérité; 4° que saint Paul connaissant la perfidie de cet esprit infernal, qui ne proclamait l'œuvre de Dieu que pour s'attirer à lui-même la confiance des hommes, lui ordonna de sortir du corps de la possédée ; 5° que les maîtres de la servante perdant le gain qu'ils retiraient de ses devinations, furent extrêmement irrités contre les deux Apôtres, et les traduisirent devant les magistrats de la ville.

Toutes ces circonstances portent invinciblement à juger que la Pythonisse de Philippes était une vraie possédée énergumène, et que le démon qui la possédait, parlant par sa bouche, devinait les choses cachées. Si les devinations de cette servante n'eussent été que du charlatanisme, comment l'historien sacré aurait-il pu ajouter qu'après que le démon fut chassé de cette servante, son talent de deviner cessa d'exister, et que ses maîtres, perdant le profit qu'ils en retiraient, furent transportés de fureur ?

Encore une fois, qu'on dise pourquoi le Saint-Esprit, en faisant écrire aux auteurs divins des faits pareils, ne leur dicte jamais un seul mot, pour faire comprendre que la magie n'est qu'une tromperie, et ne peut produire aucun effet surnaturel. Donc puisque Dieu ne peut induire les hommes en erreur, il faut conclure que tout ce que l'Écriture raconte des magiciens doit être pris à la lettre.

§ V.

Cinquième preuve.

Simon, le magicien.

(*Actes des Apôtres*, c. xiii, 9). « Or, il y avait dans
» la même ville un certain homme nommé Simon, qui
» avait auparavant exercé la magie et avait séduit le
» peuple de Samarie, se disant être quelque chose de
» grand. Tous, depuis le plus petit jusqu'au plus grand,
» le suivaient en disant : Celui-ci est la grande vertu de
» Dieu.

» Et ce qui les attachait à lui, c'est que déjà, depuis
» long-temps, il leur avait renversé l'esprit par ses en-
» chantements. »

Ce qui prouve que Simon était, non un charlatan,
mais un véritable magicien, c'est que par ses opérations
magiques et par la force de ses enchantements, il était
parvenu à séduire, non-seulement le peuple, mais tout
ce qu'il y avait de plus distingué dans Samarie. Tous les
habitants de cette célèbre cité, depuis le plus petit jusqu'au plus grand, le regardaient comme la vertu de Dieu.
Ce n'était point une réputation éphémère, mais une
renommée solidement établie depuis long-temps. Remarquons encore qu'il n'avait point à faire à de stupides idolâtres. Il opérait ses prestiges au milieu de Samarie,
habitée par des Juifs adorateurs du vrai Dieu. A cette
époque, les Samaritains ne pouvaient pas même être
regardés comme schismatiques, puisque ce n'était plus
un crime d'être séparé de la synagogue de Jérusalem,
abolie de droit par la publication de la loi évangélique.

A coup sur, tous les habitants de Samarie n'étaient pas des esprits ignorants et crédules. Si donc Simon parvint à les séduire tous, sans aucune exception, c'est qu'en effet, il avait opéré au milieu d'eux des prodiges marqués au coin d'une puissance supérieure à celle de l'homme. Voilà ce que le texte sacré donne clairement à entendre, et comme il ne renferme pas un seul mot qui puisse faire conjecturer le contraire, il doit être pris dans un sens littéral, et prouve la réalité de la magie.

L'histoire raconte des choses étonnantes au sujet de Simon le magicien. Ceux qui désirent de les connaître et de savoir ce qu'il faut en penser peuvent consulter les dissertations de la Bible de Vence. Il n'est point dans notre plan d'entrer dans de si grands détails.

§ VI.

L'EXISTENCE DES MAGICIENS DÉMONTRÉE PAR LA CROYANCE DE TOUS LES PEUPLES.

Sixième preuve.

Décisions des autorités religieuses et civiles.

Comment des écrivains modernes, qui se disent catholiques, et qui le sont en effet, ont-ils pu sacrifier à la philosophie, en faisant entendre dans leurs divers ouvrages, d'ailleurs fort estimables, que la magie est une vieillerie, à laquelle des hommes éclairés ne doivent plus ajouter foi ? Pouvaient-ils ignorer tous les textes si clairs et si précis, et tous les faits circonstanciés, tirés des livres saints, tant de l'ancienne que de la nouvelle

lliance ; ou plutôt, pouvaient-ils se faire illusion sur le
éritable sens de ces divers passages de l'Écriture ?

Que des auteurs qui ont vendu leur plume à l'impiété,
t qui avaient pour but principal d'obscurcir les lumières
e la foi dans l'esprit de leurs lecteurs, aient nié l'exis-
ence de la magie, c'était tout naturel de leur part. La
nagie suppose le diable, et le diable suppose la religion.
Jais que des écrivains orthodoxes aient cru servir la cause
e la vérité, en niant l'existence des démonolâtres, c'est
e qu'il serait impossible de comprendre, si l'expérience
e nous apprenait combien le respect humain a d'empire
ur les esprits et sur les cœurs, et combien il est facile
ux génies même les plus élevés, de prendre la teinte du
iècle, au milieu duquel ils sont placés.

Ce qu'il y a de plus déplorable, c'est que cette fausse
loctrine touchant la magie, s'est introduite jusque dans
e sanctuaire. Combien de pasteurs chargés de conduire
es ames dans les sentiers de la justice et de la vérité,
veulent bien ignorer jusqu'où peuvent aller la puissance
t la méchanceté du lion invisible qui rode sans cesse
utour de nous et cherche l'occasion de nous dévorer ?

« Nous avons à combattre, non contre les hommes de
» chair et de sang, mais contre les principautés et contre
» les puissances, contre les princes du monde, c'est-à-
» dire de ce siècle ténébreux ; contre les esprits de ma-
» lice répandus dans l'air. (*Ephès.* vi, 12). »

Les hommes de nos jours auraient-ils la prétention
l'en savoir davantage que les anciens Pères et docteurs,
:els que les Tertulien, les Origène, les Augustins, les
Chrysostôme, qui, tous ont fait des efforts de zèle pour
prémunir les fidèles contre les prestiges et les maléfices
de Satan ? Leurs immortels écrits nous attestent qu'ils

ont cru à la réalité du commerce que des hommes scélérats ont avec les démons. Leur doctrine sur ce point est tellement reconnue, que nous sommes dispensés de citer leurs paroles. D'ailleurs le livre sur la cité de Dieu est entre les mains de tout le monde : qu'on le consulte.

Telle est également la croyance de l'Eglise universelle. La preuve se trouve dans les exorcismes et les prières des Rituels, comme aussi dans un grand nombre de livres élémentaires, tels que le Catéchisme du cardinal de Richelieu, la Conduite des confesseurs, les Conférences d'Angers. La preuve existe surtout dans les décrets de divers conciles. Non contente de lancer ses anathèmes contre les démonolâtres et de diriger contre eux toute la sévérité de ses lois, l'Eglise a souvent voulu qu'ils fussent livrés à la justice séculière, pour leur faire subir les supplices dûs à l'énormité de leurs crimes.

De là une multitude d'arrêts de mort, prononcés contre les magiciens, par le Parlement de Paris et par les Cours des autres villes du royaume, jusque sous le règne de Louis XIV.

Quand il y a des faits invinciblement démontrés, il est absurde de vouloir les combattre par des raisonnements. Or, tant et de si terribles sentences, prononcées par des cours souveraines contre des scélérats accusés et convaincus de magie, ne seront-elles pas des preuves incontestables de la réalité de ce crime? Des compagnies illustres, composées de tout ce qu'il y a de plus savant, de plus intègre, de plus vertueux dans le monde, pourraient-elles être soupçonnées d'avoir jugé sans connaissance de cause, d'avoir condamné à des supplices horribles des hommes traduits devant leur tribunal et innocents des forfaits diaboliques dont on les accusait?

Non sans doute, un pareil soupçon n'entrera jamais dans une tête bien organisée. Il n'y a que des esprits intéressés à haïr la vérité qui puissent adopter une opinion si étrange et si injurieuse à nos pieux ancêtres. Quoi donc? Parce que ces magistrats existaient dans les siècles de la foi, ne serait-ce pas une horreur d'en conclure qu'ils étaient ignorants, imbéciles, superstitieux, injustes sans le vouloir?

Une remarque essentielle, ce sont les paroles suivantes, extraites d'une célèbre requête, que le parlement de Rouen présenta au roi Louis XIV, en 1670:

« Ça été aussi un sentiment général de toutes les na-
« tions, de condamner les (magiciens) au supplice, et
» tous les anciens ont été de cet avis. La loi des douze
» tables, qui a été le principe des lois romaines, ordonne
» la même punition. Tous les jurisconsultes, y sont con-
» formes, ainsi que les constitutions des empereurs et
» notamment celles des empereurs Constantin et Théo-
» dose, qui, éclairés des lumières de l'Évangile, non-
» seulement renouvelèrent les mêmes peines, mais aussi
» défendirent de les recevoir appelants des condamnations
» contre eux jugées, et les déclarèrent même indignes de
» l'indulgence des princes. »

Ce passage rappelle que dans tous les temps et chez tous les peuples, on croyait à l'existence des démonolâtres, et qu'on les punissait comme ils méritent de l'être. Le siècle qui court, parce qu'il est le plus impie, serait-il plus éclairé que tous les siècles déjà écoulés? Les hommes deviennent-ils plus savants à mesure que le flambeau de la révélation jette moins d'éclat dans le monde?

Nier que la magie soit un art réel, c'est donc contredire toutes les autorités divines et humaines.

§ VII.

Septième Preuve.

L'Autorité des Philosophes.

Les prétendus sages de notre siècle ne veulent plus entendre parler de faits surnaturels; ils rapportent tout à la physique, aux mathématiques, à la chimie, à la physiologie, à la force de l'imagination. Il est vrai qu'ils ont poussé la science de la matière à un degré de perfection que l'on chercherait vainement dans les siècles antiques. On ne peut disconvenir qu'ils aient dérobé à la nature des secrets surprenants. Mais à force d'étudier et d'approfondir les sciences terrestres, ils ont fini par ne plus admettre que les phénomènes de la matière. Ils sont devenus tellement matérialistes, que dès qu'un fait ne peut provenir des causes physiques et naturelles, ils le rejettent sans autre forme d'examen. Si vous leur parlez de l'intervention des esprits bons ou mauvais, ils vous réfutent par un sourire moqueur. C'est une affaire décidée; il n'y a que des ignorants et des imbéciles qui puissent, selon eux, encore ajouter foi, soit aux miracles, soit aux œuvres de la magie.

A coup sûr, des philosophes pareils ne croient pas au diable, et jamais il ne leur viendra dans l'idée de communiquer avec lui pour produire des œuvres merveilleuses. Fausse conséquence! Ah! comme l'esprit humain s'égare, dès qu'il ne veut plus de la vérité pour guide!

Comme il se précipite d'abîme en abîme, et se jette rapi-
dement dans les plus extravagantes contradictions !

Croira-t-on que ces mêmes hommes se sont appliqués
à l'étude de la magie, et se sont vantés d'en avoir opéré
les effets les plus incompréhensibles?

Qu'on se rappelle les scènes nécromantiques arrivées à
Paris, à Versailles, sous le règne de l'infortuné Louis
XVI. Les cent bouches de la Renommée publièrent, dans
toute l'Europe, les prestiges du trop fameux Cagliostro,
qui attirait dans ses loges une multitude immense de spectateurs, avides de voir des choses merveilleuses. On y
voyait des princes, des ducs, des dignitaires du plus
haut parage, des hommes élevés aux premiers grades de
l'état militaire et de la magistrature, des savants, et
tout ce qu'il y avait de plus illustre et de plus distingué
dans la société par la naissance, par les honneurs, par
la science, par les charges et par l'opulence. Combien
tous ces spectateurs étaient ébahis, lorsque Cagliostro
leur montrait dans des miroirs, sous des cloches de verre
et d'autres vases transparents, les spectres animés et
mouvants d'Antoine et Cléopâtre, et surtout lorsqu'il les
fit souper avec Socrate, d'Alembert, Voltaire et avec
d'autres qui n'étaient dans le fait que des démons qui
prenaient leur parfaite ressemblance.

C'est cependant vous, messieurs les philosophes, qui
avez répandu ce fait dans le monde. Vous prétendez
l'avoir vu. Vous vous êtes vantés d'avoir soupé avec les
morts évoqués par les enchantements de Cagliostro. Vous
avez donc prouvé, par votre exemple, que vous croyez
à la magie, pour le moins autant que ceux à qui vous
prodiguez si libéralement les épithètes les plus injurieuses.

15

SUPERSTITIONS

DES PHILOSOPHES.

CHAPITRE III.

Magnétisme,

§ 1er.

Malgré les preuves très solides et très multipliées qui démontrent l'existence et la réalité de la magie, une multitude de personnes ne peuvent se persuader qu'il puisse y avoir des pactes entre les démons, qui sont dans l'enfer, et certains hommes qui habitent sur la terre. Combien, à plus forte raison, seront-elles étonnées d'apprendre que jamais cet art infernal, ne fut plus en vogue que dans ce siècle appelé, sans doute par dérision, le grand siècle des lumières.

Autrefois, sous l'empire de la foi, les superstitions diaboliques n'étaient exercées que par des scélérats obscurs, qui, par leur grossièreté, leur ignorance, et surtout par leurs vices infâmes, étaient le rebut de la société humaine. Aujourd'hui Satan, pour opérer ses honteux prestiges, a trouvé le secret de se servir de ces mêmes philosophes, qui ont enseigné que le diable n'est qu'un être imaginaire.

Or, parmi les faiseurs de prodiges sataniques qui ont paru de notre temps, les magnétiseurs méritent d'occuper le premier rang. C'est principalement contre eux que nous avons entrepris cet ouvrage. Nous entrons en lice avec de terribles adversaires ; mais l'égide de la vérité, dont nous croyons être couverts, est impénétrable à tous les traits de l'ennemi. Nous ne dissimulerons pas que le cœur nous battrait un tant soit peu, si nous n'étions convaincus, que ceux que nous accusons de magie, ne sont pas plus magiciens que les autres quand il s'agit de raisonner.

Pour prendre avec ordre et clarté, nous commencerons par rapporter quelques principaux phénomènes du magnétisme ; ensuite nous les discuterons pour en découvrir la véritable cause.

Afin que les magnétiseurs ne puissent pas nous accuser de mettre sur leur compte des œuvres qu'ils n'ont point produites ou de leur attribuer des principes et des raisonnements, qui ne sont pas les leurs, nous prendrons pour règle et pour boussole une autorité qui ne peut leur être suspecte.

Le livre le plus récent, et sans contredit le plus estimé, qui ait été composé en faveur du mesmérisme, est celui qui a pour titre : *Histoire critique du Magnétisme animal, par J. P. F. Deleuze. Paris* 1813. Tel est le guide que nous nous ferons un devoir de suivre et de consulter pour ne rien avancer qui puisse être contesté par les partisans du magnétisme.

On attribue ordinairement la découverte de cet agent, à un médecin allemand nommé Mesmer, qui, après avoir perdu sa réputation dans sa patrie, vint faire le fameux en France, peu de temps avant la révolution.

Mais c'est à tort qu'on lui donne l'affreux mérite d'avoir découvert un secret diabolique, qui a existé dans tous les temps, qui a été renouvellé mille fois et sous mille forme différentes. On verra que le magnétisme est la principale branche de cette science ténébreuse, appelée magie noire, dont le démon est l'auteur et le principe. Venons aux faits :

§ II.

Le Somnambulisme magnétique.

Le phénomène suivant arriva en 1784, et fut publié la même année dans un écrit intitulé : *Recueil des pièces intéressantes*..... La scène est à Busancy, dans la terre de M. M. de Puységur ; là se faisaient leurs fameuses expériences, sous un orme, au milieu de la place publique, en présence d'une infinité de témoins. Celui qui va nous raconter ce qu'il a vu, est M. Cloquet, receveur des gabelles, à Soissons. Conformément aux engagements que nous venons de contracter, n'oublions pas d'observer que l'auteur de l'*Histoirecritique*, *deuxième partie, page* 124 , fait une mention très honorable de la relation dont on va lire un extrait, et qu'il en parle de la manière la plus distinguée.

(*Lettre de M. Cloquet.*)..... « Attiré comme les autres
» à ce spectacle, j'y ai tout simplement apporté les
» dispositions d'une observation tranquille et impartiale,
» très décidé à me tenir en garde contre les illusions de
» la nouveauté, de l'étonnement ; très décidé à bien
» voir, à bien écouter..... M. de Puységur que je nom-
» merai dorénavant le Maître, choisit entre ses malades

» plusieurs sujets, que, par attouchement de ses mains
» et présentation de sa baguette, verge de fer de quinze
» pouces environ, il fait tomber en crises parfaites. Le
» complément de cet état, est une apparence de sommeil
» pendant lequel les facultés physiques paraissent sus-
» pendues, mais au profit des facultés intellectuelles.
» On a les yeux fermés, le sens de l'ouïe est nul. Ils se
» réveillent seulement à la voix du *Maître*.

» Il faut bien se garder de toucher le malade en crise,
» même la chaise sur laquelle il est assise. On lui cause-
» rait des angoisses, des convulsions que le *Maître* seul
» peut calmer.

» Ces malades en crise, que l'on nomme *médecins*,
» ont un pouvoir surnaturel, par lequel en touchant un
» malade qui leur est présenté, en portant la main,
» même par-dessus les vêtements, ils sentent quel est
» le viscère affecté, la partie souffrante; ils le déclarent
» et indiquent à peu près les remèdes convenables.

» Je me suis fait toucher par un de ces *médecins*.
» C'était une femme d'à-peu-près cinquante ans. Je
» n'avais certainement instruit personne de l'espèce de
» ma maladie. Après s'être arrêtée particulièrement à
» ma tête, elle me dit que j'en souffrais souvent et que
» j'avais habituellement un grand bourdonnement dans
» les oreilles, ce qui est très vrai ».

» Un jeune homme, spectateur incrédule de cette
» expérience, s'y est soumis ensuite, et il lui a été dit
» qu'il souffrait de l'estomac; qu'il avait des engorge-
» ments dans le bas ventre, et cela d'après une maladie
» qu'il a eue, il y a quelques années, ce qu'il nous a
» confessé être la vérité. Non content de cette devina-
» tion, il a été sur le champ à vingt pas de son premier

15.

» *médecin* se faire toucher par un autre, qui lui a dit la
» même chose Je n'ai jamais vu de stupéfaction pareille
» à celle de ce jeune homme qui, certes, était venu
» pour contredire, persiffler, et non pour être convaincu.

» Une singularité non moins remarquable que tout ce
» que je viens de vous exposer, c'est que ces *médecins*
» qui, pendant quatre heures, ont touché des malades,
» ont raisonné avec eux, ne se souviennent de rien, *de*
» *rien absolument*, lorsqu'il a plu au maître de les dé-
» senchanter, de les rendre à leur état naturel. Le temps
» qui s'est écoulé depuis leur entrée dans la crise, jus-
» qu'à leur sortie, est pour ainsi dire nul, au point que
» l'on présentera une table servie à ces *médecins* endor-
» mis, ils mangeront, boiront ; et si la table desservie,
» le maître les rend à leur état naturel, ils ne se rappè-
» leront pas avoir mangé.

» Le maître a le pouvoir, non seulement comme je
» l'ai déjà dit, de se faire entendre de ces *médecins*
» en crise ; mais, et je l'ai déjà vu de mes yeux bien
» ouverts, je l'ai vu présenter le doigt à un de ces
» *médecins* toujours en crise et dans un état de som-
» meil spasmodique, se faire suivre partout où il a
» voulu, ou les envoyer loin de lui, soit dans leur mai-
» son, soit à différentes places qu'il désignait sans le
» leur dire ; retenez bien que le *médecin* a toujours les
» yeux fermés »

A la suite de ce curieux récit, voici une foule de
questions qui se présentent naturellement à l'esprit, et
qui commenceront à faire sentir que tout cela n'est rien
moins que naturel.

1°. Comment le magnétiseur en présentant sa main,
ou sa baguette de fer à un malade, peut-il suspendre

ses facultés intellectuelles, les priver de l'usage des sens, de la vue et de l'ouïe, lui fermer les yeux et les oreilles?

2°. Comment des personnes ignorantes, qui ne savent de rien, qui n'ont jamais étudié la médecine, l'anatomie, la botanique, peuvent-elles, dans l'état de crise, en portant simplement leurs mains par dessus les vêtements des malades qu'on leur présente, indiquer le nom, le siège, la nature, l'origine, la cause, les remèdes de leurs maladies, et deviner sur le champ ce que les docteurs les plus habiles, les plus expérimentés ne pourraient découvrir de la même manière dans l'espace de cinquante ans? Quel est l'Hippocrate qui, en portant ses mains par dessus les vêtements d'un malade, lui dira, sans hésiter et sans craindre de se tromper : Vous avez habituellement un grand bourdonnement dans les oreilles, un engorgement dans le bas ventre, un estomac délabré, tel viscère affecté et vous éprouvez les maux qui vous fatiguent depuis telle époque; et à cette première époque, vous avez eu telle autre maladie, qui est la source de celle dont vous êtes atteint aujourd'hui?

3° Quel est le principe d'une science extraordinaire qui se loge tout à coup dans la cervelle d'un somnambule, d'une science, dont il n'a pas la moindre idée avant la crise, et dont il ne conserve pas la plus légère notion, dès qu'il est rappelé à son état naturel?

4° Par quel secret, des gens, dont les facultés physiques sont comme anéanties, qui ne voient plus, qui n'étendent plus, peuvent-ils comprendre le signe muet du magnétiseur, qui leur ordonne mentalement de le suivre partout où il lui plait de les conduire, de s'en aller, soit dans leur maison, soit dans un autre lieu désigné?

Déjà l'on croit apercevoir le bout de l'oreille de l'agent

détestable qui produit tous ces faits merveilleux ; mais nous n'en sommes pas encore là ; il faut auparavant fixer notre attention sur des choses plus surprenantes.

§ III.

La Somnambule Prophétesse.

Le fait suivant est consigné dans le Journal du traitement magnétique de la demoiselle N., par Mr Tardy de Montravel, capitaine d'artillerie.

M. Deleuze, notre mentor, dans la seconde partie de son histoire critique, fait l'éloge le plus flatteur de la personne, des systèmes et des écrits de Mr Tardy.

Quant à l'histoire de la demoiselle N. qui, soit dit en passant, ne savait ni lire ni écrire, il ne peut s'empêcher de dire page 149. « Il n'y a qu'un seul fait qui paraisse sortir de l'ordre naturel ». Peut-être jugera-t-on qu'il y a plus que de l'apparence : Voici de quoi il s'agit :

(*Journal de Mr de Montravel 29 août.*) « La demoi-
» selle N. étant en crise magnétique, je lui parlai de
» nouveau de la maladie qu'elle avait prévue dès le 10
» mai, pour le mois de janvier suivant. Je suis bien
» sûre, disait-elle, que ce sera une fausse pleurésie ; je
» souffrirai beaucoup pendant quelques jours, mais il
» n'y aura aucun danger. Je crois que je la prendrai le
» 22 janvier. Toutes les fois que je revins depuis à la
» charge sur ce sujet, elle vit toujours les mêmes choses.
» Dans sa crise du 29 septembre, elle me disait : Le
» vingt-deux janvier, je voudrai courir après quelqu'un

» que j'aurai manqué, je prendrai chaud et froid, et ma
» maladie commencera pour lors.

» Ma malade ignorait parfaitement cette prédiction
(il faut se rappeler qu'il est dit plus haut, que les somnambules magnétiques oublient, à leur réveil, ce qu'ils
ont dit et fait pendant leur enchantement); et j'avais
eu garde de la répandre. Mais on pense bien que je pris,
dans le silence, toutes les précautions imaginables pour
constater l'événement. Je chargeai deux personnes de
connaissance, et dont ma malade ne pouvait se défier de
suivre ce jour là ses moindres démarches, et moi-même
sans affectation, je l'observai avec le plus grand soin.

» Voici le précis de ce qui se passa :

(22 *janvier.*) » Ma malade apprit dans la matinée,
qu'un de ses parents, habitant de la campagne et
qu'elle avait intérêt de voir, avait paru à la ville,
qu'il venait d'en partir; mais qu'il devait à peine avoir
passé la rivière. Espérant le rejoindre encore, elle cou-
rut après lui, et ne le trouvant plus, elle n'hésita pas à
passer la rivière. Elle suivit ses traces pendant quelque
temps, mais inutilement, et jusqu'à ce que, accablée de
fatigue, elle fut contrainte enfin de revenir sur ses pas.
Cette course l'avait mise en sueur. Il fallut repasser la
rivière, avec un temps très froid. Enfin elle rentra chez
elle à deux heures après midi, pouvant à peine se soutenir. Je fus chez elle vers les cinq heures du soir. Elle
se garda bien de me rendre compte de ce qu'elle avait
fait, et je ne lui en parlai pas non plus; mais je la
trouvai fort oppressée. Ses couleurs étaient enflammées;
elle avait la peau brûlante, un grand mal de tête, et je
lui trouvai un peu de fièvre.

« Le lendemain j'appris quelle avait passé une fort

mauvaise nuit. La fièvre et le mal de tête avaient augmenté ; l'oppression continuait, et la malade se plaignit en outre de plusieurs points très douloureux , surtout dans le côté, et qui lui donnaient beaucoup de difficulté à respirer. Tous ces symptômes continuèrent les jours suivants et je n'eus plus de doute que la maladie ne fût une fausse pleurésie bien caractérisée ».

Voilà ce que raconte M. Tardy de Montravel, à la suite d'un fait pareil qu'il avait rapporté auparavant ; et voici la réflexion qu'il ajoute, et qui mérite une sérieuse attention. Après avoir déclaré qu'il fut étonné, et même épouvanté, en découvrant ce nouvel ordre de choses, il continue en ces termes :

» En effet , prévoir plusieurs mois d'avance ; que quelqu'un vous priera d'aller à sa campagne , annoncer le jour , sans que personne vous en ait prévenu ; voir que si on y va, ou tombera de cheval et que cette chute sera funeste, annoncer de même plusieurs mois d'avance qu'une personne arrivera le jour que l'on nomme dans la ville que l'on habite , qu'on la cherchera inutilement pour lui parler, et qu'en la cherchant , on s'échauffera à un tel point qu'il en surviendra une fausse pleurésie, certainement ce sont des prédictions qui dépendent absolument de la volonté future et libre des autres hommes. Lors même que l'on annoncerait seulement plusieurs mois d'avance , et à jour fixe, une pleurésie, comme dans le moment de la prédiction il n'y a aucune cause , aucun germe d'une pareille maladie, on ne peut s'empêcher de convenir qu'une semblable prédiction dépend d'une infinité de causes étrangères , et aussi difficiles à voir que celles des événements prédits par les prophètes ».

Oui, sans doute, il est surprenant au-delà de tout ce
qu'il est possible d'exprimer, que la demoiselle N. ait
pu, dès le 10 du mois de mai, prédire de la manière la
plus nette et la plus circonstanciée, la cause, la nature,
et les suites d'une maladie, qui devait la surprendre le
2 janvier suivant. Nous verrons si les partisans du magnétisme ont raison de soutenir que dans tout cela, il
n'y ait absolument rien qui surpasse les facultés de la
nature humaine. M. Deleuze, dans la première partie
de son Histoire critique, page 43, après avoir rapporté le
fait raconté par M. Tardy de Montravel, ajoute : *On peut
citer des milliers de faits du même genre.* Mais avant
d'en venir à la discussion, voyons s'il n'a pas lui-même
les choses merveilleuses à nous raconter.

§ IV.

*Autres phénomènes extraordinaires du somnam-
bulisme magnétique.*

(*Histoire crit.*, *première partie* p. 216.) « Bientôt
après M. D., mon intime ami, magnétisa une demoiselle
de seize ans, fille de parents respectables et très consi-
dérés. Cette demoiselle devint somnambule. J'assistai au
traitement ; elle nous dictait des consultations pour des
malades, et des principes pour la guérison des maladies.
C'était moi qui lui faisait des questions, auxquelles elle
ne pouvait être préparée, et qui écrivait les réponses.
Je n'ai jamais connu de somnambule plus parfaite. Elle
nous présenta la plupart des phénomènes observés par

M. de Puiségur, par M. Tardy et par les membres de la société de Strasbourg. Parmi les phénomènes il en est un que je ne puis ni expliquer ni concevoir. J'atteste seulement que je les ai vus, et que d'après les détails, il m'est impossible de supposer ni la moindre illusion, ni l'idée de tromper, ni même la possibilité de le faire. J'ai encore les cahiers originaux, écrits pendant les séances. Je n'en extrais rien ici parce que ce sont les mêmes phénomènes dont on a parlé, et qu'il suffit d'en avertir ; quand je les transcrirais, cela n'ajouterait rien à la preuve ».

Une demoiselle de seize ans, qui dictait des consultations, *des principes pour la guérison des maladies*, qui répondait à toutes les questions, sans y être préparée! Par quel admirable secret cette jeune cervelle se trouvait-elle tout-à-coup meublée, comme celle d'un docteur expérimenté? Bien plus, la jeune somnambule présentait non-seulement les phénomènes observés par le marquis de Puységur, par M. Tardy de Montravel, par les fameux magnétiseurs de la Société harmonique de Strasbourg, mais encore un phénomène que M. Deleuze ne peut ni expliquer, ni concevoir Cela est bien fort ; surtout si l'on considère que l'auteur de l'Histoire critique nous fera bientôt comprendre comment *un somnambule saisit la volonté de son magnétiseur et comment il exécute une chose qui lui est demandée mentalement et sans proférer de paroles;* et encore comment il voit à travers les corps opaques, etc.

Il semble qu'un phénomène qui ne peut être ni expliqué, ni compris par un homme pareil, doit être fort extraordinaire ; serait-ce peut-être un fait semblable à celui de la demoiselle N... que nous avons rapporté tout à l'heure? Il est probable qu'il s'agit d'une chose encore plus surprenante, puisque M. Deleuze nous expliquera comment les somnambules peuvent avoir des prévisions.

L'histoire de la demoiselle de seize ans est suivie de celle d'un jeune homme, non moins frappante. Après le récit des premières circonstances, qui ne laissent pas d'être fort curieuses, l'auteur continue et dit (*pag.* 220):
« Mon somnambule devint assez clairvoyant : il me
» décrivait ses maux, leur cause, le remède avec une
» extrême précision. »-

» Il avait passé deux ans à Candie. Un jour que je lui parlai de ce pays; il me dit qu'il en avait oublié la langue; mais que si dans ce moment il se trouvait avec quelqu'un qui la sût, il s'en souviendrait et la parlerait avec plaisir. Je ne pouvais le vérifier, mais je lui demandai s'il se souvenait des livres qu'il avait lus ; il me répondit qu'il n'en savait pas le titre. Je lui demandai s'il pouvait m'en citer quelque chose : Tant que vous voudrez, me répondit-il et il se mit à me réciter la nuit de Narcisse, d'Young, précisément comme s'il la lisait. Je suis bien sûr qu'étant éveillé il ne savait pas les nuits d'Young par cœur. Je crois même que personne ne les savait en prose française, et d'ailleurs il ne faisait de la littérature qu'un amusement. Mon somnambule relisait, pour ainsi dire, la nuit de Narcisse. Le lendemain je m'assurai qu'il m'avait récité deux pages, et je ne crois pas qu'il eût changé un mot. »

Nous marchons de merveilles en merveilles. Tout à l'heure une demoiselle de seize ans, dictait pendant son sommeil magnétique, des traités de médecine; ici un jeune homme crisiaque récite, mot pour mot, des choses

16

qu'il a lues autrefois et dont il serait incapable de réciter correctement une seule phrase, dans l'état de veille. Il faut avouer que le magnétisme a la propriété d'agrandir singulièrement les facultés intellectuelles. Il donne des connaissances rares à ceux qui n'ont jamais rien appris; il rappelle dans la mémoire ce que l'on a parfaitement oublié, ou plutôt ce que l'on n'a jamais sû. On ne se serait pas imaginé que, pour devenir savant, il suffit de se faire endormir par un magnétiseur. Il est vrai que le somnambule, revenu à son état naturel, n'en sait pas plus qu'auparavant; il ne se souvient pas même du prodigieux changement opéré en lui; il ne se rappelle pas un mot de tout ce qu'il a dit pendant la crise; mais c'est précisément ce qui rend le phénomène plus admirable.

On raconte sur les somnambules naturels des histoires fort singul ères; mais s'ils font des choses qui ressemblent parfaitement aux somnambules magnétiques, nous répondrons tout simplement qu'ils agissent par le même principe, et nous verrons en quoi il consiste.

Quant au jeune homme de M. Deleuze, ne pourrait-on pas demander pourquoi, pendant son enchantement, il tombe précisément sur la nuit d'Young, qui est remplie des idées les plus romanesques, et des diatribes les plus amères contre les usages de l'Eglise romaine? Cela mérite d'être remarqué. Voyons la suite.

» Un jour nous étions allés ensemble à la campagne; nous y restâmes jusqu'à six heures. A six heures et demie nous étions sur la route, à une lieue de la ville. C'était l'heure où j'avais coutume de le magnétiser. Il me dit qu'il était accablé de sommeil. J'aurais dû le distraire et m'opposer de toutes mes forces à ce qu'il s'endormît; mais alors je ne résistai pas au désir de faire des expériences. Je l'arrête ; je lui mis pendant une minute la main sur les yeux, et je lui dis avec volonté : Dormez et marchez ; à l'instant ses yeux sont fermés, il soupire et il marche. »

» La route était longue et le chemin fort mauvais. Quelquefois il me disait , je suis bien fatigué ; sommes-nous loin ? Je lui proposai de s'asseoir ; il s'assit sur une pierre et me dit en se plaignant : Cette chaise est bien froide. Nous rencontrâmes quelques personnes ; il me disait : Voilà un fluide qui passe. Rendu chez moi , je l'éveillai , et les deux jours suivants , il fut malade de fatigue. »

Ce récit paraît fort curieux. Qu'un homme qui est pressé par le sommeil, s'endorme debout, au commandement du magnétiseur , à la bonne heure ; mais qu'il se mette à marcher dans un chemin rabotteux, les yeux fermés, qu'il se repose sur les pierres le long de la route, qu'il se relève pour continuer sa marche, qu'il fasse la conversation avec son compagnon de voyage, qu'il s'aperçoive du fluide qui sort du corps des passants, voilà de la part d'un homme endormi, des gentillesses passablement re-marquables, surtout quand on considère qu'il n'est tombé dans cet état que parce qu'un autre lui a mis les mains sur les yeux pendant une minute et lui a dit avec volonté : *Dormez et marchez.*

§ V.

Certitude des faits précédents.

En vain voudrait-on former des doutes sur les faits que nous venons de rapporter et sur la vérité de mille autres semblables , non moins incompréhensibles , ou plutôt , bien plus étonnants , ainsi que nous le montrerons dans la suite. Ils sont incontestables , à cause des raisons suivantes :

1° Ils sont consignés dans une multitude de livres écrits par des auteurs , par des témoins occulaires de diverses contrées et de diverses nations , entre lesquels il est impossible de supposer la moindre relation, la moindre connivence , et dont plusieurs étaient non-seulement surpris, mais effrayés , des phénomènes qu'ils découvraient par leurs expériences ;

2° Ils ne sont point arrivés dans des lieux secrets et obscurs , mais sur des places publiques , dans des salons, en présence d'une infinité de spectateurs ;

3° Ils sont attestés par des milliers d'hommes savants, éclairés , désintéressés , qui les ont vus , examinés , et ne les ont crus qu'après une pleine et entière conviction ;

4° Ils ne sont point arrivés dans une seule contrée ; mais à Paris , à Lyon , à Strasbourg , et dans toutes les cités un peu considérables du royaume , sans compter les villes des autres pays , et même celles de l'Amérique. Partout on a vu des somnambules et des épileptiques , qui ont présenté des phénomènes faits pour étourdir les esprits les plus prévenus contre les choses merveilleuses , comme de lire des lettres cachetées , de voir à travers les corps opaques , de découvrir les choses cachées , de faire des prédictions vérifiées par l'événement , de lire dans la pensée et même dans la conscience des hommes , de connaître leurs actions les plus secrètes, de donner des preuves de connaissance sur des objets de science , dont ils n'avaient pas auparavant la plus légère teinture ;

5° Ils ont été répétés cent et cent fois dans les maisons

d'une multitude de particuliers, épris d'une belle passion pour le magnétisme.

Du reste, nous n'avons placé ici cet exposé des preuves que pour les lecteurs qui n'ont pas les livres publiés sur le magnétisme. Les hommes instruits sur le sujet que nous traitons, savent à quoi s'en tenir.

CHAPITRE 1V.

QUEL EST LE VÉRITABLE AGENT DU MAGNÉTISME?

§ Ier.

Formation de l'argument qui prouve que le démon est l'auteur des phénomènes du magnétisme.

Voici d'abord comme le plus zélé, le plus habile dé-
fenseur du mesmérisme, s'exprime, touchant la question
proposée (*Hist. crit.*, 1re *partie, pag.* 170) : « On
» objecte encore que si l'on admettait la pénétration et
» la prévoyance attribuées aux somnambules, on finirait
» par croire aux sorciers. C'est tout le contraire. La con-
» naissance du somnambulisme ramène à des causes na-
» turelles des phénomènes que l'ignorance et la supers-
» tition ont attribuées à des causes occultes. En exami-
» nant cet état, on n'y voit qu'une concentration de
» facultés, de laquelle résulte plus de délicatesse et de
» netteté dans les sensations, plus de rapidité et de faci-
» lité dans les calculs de l'intelligence, en un mot, un
» toucher intérieur, duquel le somnambule tire des con-
» séquences. Dans son essai sur le somnambulisme
» magnétique, M. Tardy de Montravel ramène tous les
» phénomènes à des causes physiques, et il réfute vic-
» torieusement les objections de ceux qui accusent les
» magnétiseurs de donner dans le merveilleux. »

C'est-à-dire, en d'autres termes, lorsque les hommes n'étaient pas encore éclairés par le brillant flambeau des magnétiseurs, ils attribuaient à la puissance du démon, certains événements arrivés dans le monde ; mais depuis la découverte du magnétisme, il est démontré qu'une pareille croyance est le fruit de l'ignorance et de la superstition. Les magnétiseurs, bien loin d'être sorciers, prouvent, par leur existence, que les sorciers n'ont jamais existé.

Un pareil raisonnement aurait quelque valeur si, dans le mesmérisme, il n'y avait rien qui fût contre l'ordre naturel. Nous conviendrons volontiers que la plupart des œuvres attribuées aux magiciens, dont parle l'histoire sacrée et profane, ne sont guère plus merveilleuses, que les expériences des magnétiseurs. Mais nous avons dit, et nous espérons prouver, que les phénomènes du somnambulisme, tels que ceux rapportés plus haut et d'autres semblables, sont des œuvres surhumaines et diaboliques. Commençons par mettre notre argument en forme ; ensuite nous prouverons séparément la majeure et la mineure.

1º Le principe, qui agit dans les somnambules magnétiques, est le même que celui qui agissait dans les oracles et les sibylles du paganisme ;

2º Or, le principe qui agissait dans les oracles et les sibylles du paganisme, c'est le démon ;

3º Donc, c'est le démon qui agit dans les somnambules magnétiques.

Mais nous ne nous en tiendrons pas là. Nous entrerons en discussion avec les magnétiseurs et nous montrerons que la plupart des phénomènes, qu'ils ont observés, sont contraires à l'ordre naturel, et ne peuvent s'expliquer que par l'intervention des Anges réprouvés.

§ II.

Preuve de la majeure.

*Le principe qui agit dans les somnambules magnéti-
ques, est le même que celui qui agissait dans les
oracles et les sibylles du paganisme.*

Ce sont les défenseurs du magnétisme eux-mêmes qui
nous ont conduit à la connaissance de cette vérité. On leur
a l'obligation d'avoir été les premiers à trahir le secret de
l'enfer. En 1806, parut à Paris un ouvrage intitulé :
*Nouvelles Considérations, puisées dans la Clairvoyance
instinctive de l'homme sur les oracles, les sibylles et les
prophètes,* par Théodore Bouys.

L'auteur se propose de prouver qu'il y a identité de
clairvoyance chez les oracles, les sibylles, les prophètes
et les somnambules magnétiques. Voici comme il s'en
explique lui-même (*pag.* 25) : « Il paraît donc extrême-
» ment probable que les oracles, les sibylles, les astro-
» logues, les prophètes étaient des hommes jouissant
» d'une clairvoyance instinctive, semblable à celle qui
» se manifeste chez les somnambules magnétiques. Cette
» probabilité, comme celle du système de Copernic,
» équivaut à une démonstration mathématique ; du
» moins elle fournit une explication mille fois plus satis-
» faisante, que toutes celles qu'on a données jusqu'à
» présent. S'il y avait des petits oracles peu renommés
» chez les Grecs et les Romains, comme il y avait des
» petits prophètes chez les Juifs, c'est que cette clair-

» voyance instinctive ne se développe pas au même degré
» chez tous les individus qui en jouissent. Elle est comme
» la vue ; elle peut être excellente, médiocre ou faible.
» C'est la raison que l'on donne (*c'est-à-dire que je donne*),
» de ce qu'il y avait de grands oracles, comme il y avait
» de grands prophètes. »

Nous ne nous arrêterons pas à relever la sotte impiété
qui règne dans ces paroles. Qui croirait que cet homme,
qui range les prophètes du vrai Dieu, dans la même classe
que les oracles des payens et des vils somnambules
magnétiques, a la bonhommie de penser que les théologiens
n'auront rien à lui reprocher ? Cela prouve que les prétendus savants de nos jours auraient souvent grand besoin
d'étudier leur catéchisme, avant de se mêler de parler de
religion. Ils ne connaissent pas mieux le christianisme que
des payens qui n'en ont jamais entendu parler ; disons
mieux, ils ont leur raison pour paraître si prodigieusement ignorants.

Il existe, sur l'ouvrage et dans l'ouvrage de M. Bouys,
un rapport fort détaillé, fait à plusieurs Académies. On
assure que l'institut de Paris est de ce nombre. Parmi les
choses ineffables que renferme ce rapport, il est dit,
(*pag.* 4), qu'à la vérité l'auteur des nouvelles considérations rejette le système de Fontenelle sur les oracles ;
mais aussi qu'il n'est pas homme à soutenir celui du
P. Baltus. « Il faut rendre justice à M. Bouys ; il est aussi
» éloigné que vous, Messieurs, de penser que les diables
» soient jamais intervenus chez les oracles, les sibylles
» ou prophètes ; mais il présente sur ces objets des idées
» absolument neuves... »

Une idée absolument neuve, c'est celle du rapporteur,
qui dit à messieurs les Académiciens, que désormais il

ne doivent plus faire difficulté de croire même aux prophéties de l'Écriture, attendu que *de pareilles prédictions ne seraient plus si révoltantes, lorsque, pour en
expliquer la cause, il ne serait plus nécessaire de recourir aux miracles, ni à l'intervention de Dieu ou du
diable.*

Telle est donc la nouvelle découverte, publiée dans le
monde, et présentée aux Académies. Prédire l'avenir,
découvrir les choses cachées à l'intelligence du vulgaire,
c'est une faculté toute naturelle, plus ou moins parfaite
dans les individus qui la possèdent ; de sorte que l'on sait
aujourd'hui qu'il y a identité de clairvoyance entre les
somnambules magnétiques et les oracles des anciens. Les
sibylles, les prêtresses d'Apollon, de Diane et des autres
divinités du paganisme, n'étaient autre chose, sinon
des crisiaques semblables aux crisiaques du mesmérisme.

Voilà ce qu'ils ont dit, ce qu'ils ont publié en pleine
séance des sociétés savantes. Il serait trop tard de vouloir le nier et de le contester, l'aveu est formel et
solennel.

Consultons sur ce point important celui que nous
avons choisi pour Mentor. En rendant compte de l'ouvrage de M. Bouys, l'auteur de l'histoire critique, dit,
dans la deuxième partie du sien (*pag.* 185) : « Ainsi je
» regarde comme très probable que les sibylles et les
» prétendus prophètes ou voyants des anciens, étaient
» des crisiaques assez semblables aux somnambules mal
» dirigés. »

Cependant, en laissant échapper ces paroles, il a
grand soin d'avertir, d'après sa manière d'expliquer les
phénomènes du magnétisme, que ce serait une erreur
d'admettre dans les crisiaques, soit anciens, soit modernes,

la faculté incompréhensible de lire dans l'avenir, à moins que ce ne fût que par des combinaisons purement naturelles.

Tout en prodiguant à M. Bouys les plus grands éloges, il lui reproche d'aller trop loin, et déclare fortement combien il serait facile d'abuser des *nouvelles considérations* pour accuser les magnétiseurs, de donner dans le merveilleux.

Nous ne pouvons dissimuler que telle est notre intention. Nous avons en horreur le système de M. Bouys, quand il fait un mélange monstrueux des prophètes du vrai Dieu et des prophètes de Satan ; mais nous pensons parfaitement, comme M. Deleuze lui-même, *qu'il est très probable que les sibylles et les prétendus prophètes ou voyants des anciens étaient des crisiaques assez semblables aux somnambules mal dirigés*, bien entendu que, dans notre sens, nous ne rapportons ces paroles qu'aux oracles des nations payennes.

Non - seulement nous en sommes parfaitement convaincus ; mais nous croyons encore devoir ajouter ici un rapprochement, qui ne laissera pas de faire ressortir la vérité de la découverte faite par M. Bouys, et peut-être aussi par M. Tardy de Montravel, dans les écrits duquel le premier a puisé ses plus fortes preuves.

§ III.

Confirmation de la majeure.

Pour montrer l'identité qui existe entre les somnambules magnétiques et les sibylles du paganisme, nous
citerons un passage du sixième livre de l'Enéide.

> Ventum erat ad limen, cum virgo poscere fata
> Tempus, ait : Deus ecce Deus. . . . . .

« Lorsque l'on fut à l'entrée de la grotte, il est
temps, s'écria la prophétesse, de consulter l'oracle; le
dieu, déjà le dieu se fait sentir : tandis qu'elle parle
ainsi devant la porte, son visage change de traits et de
couleur ; ses cheveux se hérissent sur sa tête ; sa respi-
ration se précipite ; une fureur divine s'empare de tous
ses sens ; sa taille est plus grande, et le son de sa voix
n'a plus rien d'une mortelle, dès que la présence de
Dieu agit sur elle avec plus de force et de puissance. . .
Cependant la sybille, qui lutte encore contre Apollon,
s'agite avec fureur dans son antre. Elle voudrait chasser
de son cœur le Dieu qui la maîtrise ; mais cette résis-
tence ne sert qu'à faire redoubler les impressions d'Apollon sur sa bouche et sur sa langue ; il dompte son cœur
rebelle et la rend souple et docile à ses mouvements. »

(Traduction dite des Quatre Professeurs).

C'est ainsi que le prince des poètes latins dépeint la
sibylle Déiphobe, prêtresse de Diane et d'Apollon. En
cela il fait une description fidèle de la manière dont les
faux dieux rendaient leurs oracles.

Il nous semble qu'il serait bien difficile de ne pas

apercevoir dans ce portrait, tracé par Virgile, une vraisemblance frappante avec les crisiaques du magnétisme. Mêmes convulsions ; même facilité d'élocution ; même force dans l'agent qui est caché. En vain la sybille veut résister à la puissance invisible qui la maîtrise ; le prétendu dieu qui agit sur elle, dompte son cœur rebelle et la rend souple et docile à ses mouvements : Ne dirait-on pas voir un somnambule obéir forcément à la volonté de son magnétiseur, qui lui ordonne mentalement d'aller ici, d'aller là, qui le tient comme enchaîné et lui commande en maître absolu jusqu'à ce qu'il lui plaise de le désenchanter ?

Cette puissance irrésistible, que le magnétiseur exerce sur les magnétisés, est précisément ce qui a le plus frappé les membres de l'Académie royale et de la Faculté de médecine nommés par Louis XVI pour examiner les phénomènes du mesmérisme. Voici comme ils s'en expriment dans leur célèbre rapport.

« Rien n'est plus étonnant que le spectacle dont on est témoin. Quand on ne l'a pas vu, on ne peut s'en faire une idée, et en le voyant on est également surpris.... Tous sont soumis à celui qui magnétise ; ils ont beau être dans un assoupissement apparent : Sa voix, un regard, un signe les en retire. On ne peut s'empêcher de reconnaître à ces effets constants, une grande puissance qui agite les malades, les maîtrise ; et dont celui qui magnétise semble être le dépositaire ».

Les lecteurs instruits seront surpris de ce que nous rapportons le témoignage des commissaires du Roi, attendu qu'ils ont déclaré que l'existence du magnétisme est une chimère.

Nous répondrons que ces Messieurs ont déclaré ce qui

était directement opposé à ce qu'ils avaient très bien vu et parfaitement observé; qu'apparemment ils avaient leurs raisons pour ne pas dire la vérité. La preuve qu'ils ont un peu trahi leur conscience, ce sont les paroles suivantes de leur rapport, pages 24 et 25 :

« Nous observons que, dans l'examen des faits, nous ne nous sommes attachés qu'à ceux qui sont ordinaires.... Nous avons négligé ceux qui sont merveilleux ; tels que le renouvellement des mouvements convulsifs, par la direction du doigt à travers un mur et les sensations éprouvées à l'approche d'un arbre ou d'un terrain que l'on avait auparavant magnétisés. Nous avons cru ne pas devoir fixer notre attention sur des cas insolites, qui paraissent contredire toutes les lois de la physique, parce que ces cas sont toujours le résultat de causes compliquées, variables, cachées, inextricables, et que par conséquent il n'y a rien à conclure de ces faits. »

Vraiment la conséquence est admirable. Nous prendrons la liberté de l'expliquer à ceux qui n'en sentent pas toute la justesse et toute la beauté.

C'est qu'en 1784, où la commission fut nommée, il fallait nécessairement parler le langage de la philosophie à la mode pour être un grand homme. A cette époque ceux qui se seraient avisés de soupçonner que *certains cas insolites qui paraissent contredire* toutes les lois de la physique, pourraient bien provenir de quelque cause surnaturelle, telle que la magie, eussent infailliblement passé pour des ignorants. A ce motif qui est du respect humain tout pur, se joignait un autre qui est bien plus entraînant: c'est qu'il ne fallait rien dire que fût favorable à la vérité de la religion. Ainsi messieurs les Académiciens, comme il s'en vantent eux-mêmes, ont cru devoir négliger les faits merveilleux, et tout ce qui ne pouvait pas expliquer naturellement; ce qui était *inextricable* devait être passé sous silence, attendu que l'on ne pouvait rien en conclure de favorable à la philosophie.

Une remarque essentielle, qu'il ne faut pas omettre, c'est que dans le texte du rapport de la commission, il est parlé des sensations qu'éprouvaient les crisiaques à l'approche d'un terrain qu'on avait auparavant magnétisé. Cela ressemble singulièrement à ce que l'histoire ancienne raconte du terrain sur lequel fut construit le fameux temple de Delphes. Un berger, en regardant dans une espèce de grotte ou de crevasse de rocher, éprouva tout à coup des sensations extraordinaires et fut saisi par des mouvements convulsifs. Ce qui fit découvrir qu'un dieu faisait là sa résidence. Bientôt on accourut de toutes parts pour le consulter et l'oracle établi en ce lieu devint le plus célèbre du paganisme. Jusqu'à présent, on était tenté de regarder l'aventure de ce berger comme une fable, mais il n'y a plus guère moyen d'en douter, depuis que le magnétisme a reproduit ce singulier phénomène.

Il est inutile d'insister plus long-temps sur l'identité qui existe entre les anciennes sibylles et les somnambules magnétiques. Cette parfaite ressemblance est non seulement avouée, reconnue, enseignée par les plus habiles défenseurs du magnétisme, proposée aux diverses académies comme l'une des découvertes les plus dignes de l'attention des philosophes, mais elle est encore solidement prouvée et confirmée par les mouvements de l'antiquité.

Or, lorsqu'il y a identité entre deux choses, si l'une est

diabolique, l'autre nécessairement l'est aussi. Voyons donc ce qu'il faut penser des oracles du paganisme, et nous saurons à quoi nous en tenir sur les phénomènes observés par les magnétiseurs.

§ IV.

Preuve de la mineure.

Or, le principe qui agissait dans les oracles du paganisme, c'est le démon.

Quand les partisans du magnétisme ont reconnu les rapports frappants qui existent entre les somnambules, ou les crisiaques modernes et les oracles des anciens, ils ont prétendu dévoiler l'ignorance et la superstitieuse crédulité des peuples, qui attribuaient à une cause surnaturelle, ce qui n'était qu'une rare faculté de la nature humaine.

M. Deleuze a très-bien senti qu'en raisonnant ainsi, on pourrait accuser les magnétiseurs de donner dans le merveilleux et les prendre dans leurs propres filets. Cependant il s'est rassuré dans la pensée qu'on ne parviendra jamais à prouver que le diable fût pour quelque chose dans les oracles du paganisme. Cela étant, nous allons montrer que les nations antiques, qui reconnaissaient dans les oracles de leurs fausses divinités un principe surnaturel, en savaient sur ce point plus que les philosophes modernes, et qu'elles ne se seraient pas sottement laissées duper pendant l'espace de plus de trois mille ans, s'il n'y avait pas eu de temps en temps de la réalité dans les faits qu'elles regardaient comme divins et merveilleux. Il y a un raisonnement extrêmement simple, auquel les prétendus savants de nos jours n'ont point répondu, et auquel ils ne répondront jamais. Le voici :

A l'époque de l'arrivée du Messie et pendant la prédication de son Évangile, à mesure que l'Église chrétienne se répandait sur la terre et multipliait ses conquêtes, tous les oracles des faux dieux furent, les uns après les autres, condamnés au plus rigoureux silence. Impossible à eux de faire plus long-temps entendre leur voix. En vain les adorateurs des fausses divinités continuaient à charger leurs autels d'encens et de victimes pour les supplier de parler comme auparavant, plus de réponse ; silence absolu. Les sibylles, les prêtresses devenaient muettes ; les statues ne paraissaient plus animées et ne produisaient aucun son ; tout se taisait dans les temples payens. Quelle pouvait-être la cause de ce silence ? D'où vient que les oracles qui, depuis trois millénaires, faisaient tant de bruit dans le monde, cessent tout à coup de parler ? Et d'où vient surtout que plusieurs sont contraints d'avouer leur impuissance et leur défaite ? Si dans tout ce qui les concerne, il n'y avait rien de honteux, d'abominable, de diabolique, ou s'ils ne découvraient des choses étonnantes que par le moyen d'une clairvoyance instinctive accordée à la nature humaine, pourquoi se taisent-ils dès que Jésus-Christ paraît ? Pour se tirer de là, nos prétendus éclaireurs n'ont qu'un moyen raisonnable, c'est de nier le fait. Hé bien ! voyons s'il est possible de le nier. Nous laissons aux lecteurs à juger si l'autorité des sages de nos jours l'emporte sur les témoignages que nous allons leur mettre sous les yeux.

L'un des principaux moyens que l'antique Serpent avait employé pour engager les hommes à lui ériger des temples et des autels ; c'était de les séduire par une infinité de prédictions et de révélations. La plupart du temps, il mentait effrontément ; quelquefois, mais rarement, il rencontrait juste ; d'autres fois, pour se tirer d'affaire, il donnait des réponses ambiguës, tournées avec une telle adresse, qu'il ne pouvait manquer d'avoir raison quel que fût l'événement. Comme il lui était facile de lire à travers les corps opaques, la manière ordinaire de le consulter consistait à déposer sur ses autels des lettres cachetées qui renfermaient les questions. Mais enfin le temps arriva où il devait être confondu, conformément à ces paroles de St. Jean l'Évangéliste (ch. 12 : « C'est maintenant que le prince de ce monde va être jugé ; c'est maintenant que le prince de ce monde va être chassé dehors ».

(*Eusèbe, sous le règne de Constantin-le-Grand, Dem. Evang. l. 5.*) « Une grande preuve de la faiblesse des démons, c'est que leurs oracles sont devenus muets et ne donnent plus de réponses comme par le passé, et que ceci est arrivé vers le temps de la venue de notre Sauveur ; car aussitôt que sa doctrine a été prêchée dans le monde, les oracles ont cessé ».

(*Idem. Dem. Evang. l. 5.*) Porphyre, ennemi juré des chrétiens, vers la fin du troisième siècle disait : « Il n'est pas étonnant que Rome soit affligée de maladies depuis tant d'années, Esculape et le reste des dieux, n'ayant plus le même commerce qu'ils avaient auparavant avec les hommes ; car depuis que Jésus a commencé à être adoré, personne n'a reçu de secours marqué de la part des dieux ».

(*Cyrill. l. 6. contra Jul.*) » Il est rare (c'est Julien qui parle), il est rare que les dieux inspirent maintenant quelqu'un de leurs ministres, ou qu'aucun puisse obtenir cette inspiration; mais il en est des oracles comme des autres choses : tout parait s'altérer avec le temps.

(*Le poète Lucain, vers le milieu du premier siècle*):

Non ullo sæcula dono, nostra carent majore deum quem Delphica sedes quod siluit.

> Delphes n'annonce plus les oracles des dieux;
> Son silence punit ce siècle malheureux ».

(Juven. *Satyr.* 6, *au commencement du* 2e *siècle.*)

Delphis oracula cessant.

« Dans Delphes maintenant les oracles se taisent ».

Une observation très importante, c'est que Plutarque a composé un traité particulier sur le silence des oracles. Il est vrai qu'il prétend l'expliquer par des raisons naturelles et politiques : il fallait bien l'expliquer de quelque manière, et Plutarque, philosophe payen, ne pouvait en savoir la véritable cause. Mais tous les saints Pères, tous les docteurs de l'Eglise, tels que Tertulien, Origène, St. Jérôme, St. Augustin, St. Chrisostôme ont nettement enseigné, dans leurs immortels ouvrages, que le silence des oracles doit être attribué à la puissance de la religion de Jésus-Christ. Quant aux philosophes de nos jours, s'ils voulaient raisonner comme le philosophe payen, on leur répondrait qu'ils arrivent trop tard pour contester ce qui a été reconnu près de deux mille ans avant leur existence, par les hommes les plus vertueux et les plus savants de l'univers.

On nous dira : Citez donc un fait particulier. En voici

un qui ne peut être nié que par des hommes intéressés à haïr la vérité.

A Daphné, bourg situé à deux lieues d'Antioche, Apollon avait un temple célèbre et y rendait ses oracles. Là régnaient toutes les abominations de l'idolâtrie. En 351 le César Gallus, dans le dessein de faire cesser ces désordres, y fit transporter le corps de St. Babylas, evèque d'Antioche et martyr, immolé sous la persécution de Dèce. L'expédient réussit : le dieu de Daphné devint muet. Or, Julien l'apostat étant arrivé à Antioche en 362 fit offrir à l'idole d'Apollon, un grand nombre de victimes, pour qu'il s'expliquât sur la cause de son silence. L'oracle, après une longue obstination, finit par répondre qu'il ne pourrait parler jusqu'à ce que l'on eut enlevé les cadavres du voisinage.

Julien, pénétrant le sens de ces paroles, se contenta de signifier aux chrétiens de transférer ailleurs le corps de St. Babylas. Les fidèles obéirent et ramenant à Antioche la châsse qui renfermait les reliques du saint martyr, ils chantaient :

Similes illis qui faciunt ea et omnia qui confidunt in eis.

» Que ceux qui font les idoles, leur deviennent sem-
» blables, ainsi que tous ceux qui y mettent leur confiance ».

La nuit suivante le feu du ciel tomba sur le temple d'Apollon et réduisit en cendres et l'idole et tout ce qui servait à son culte. Julien confondu, se hâta d'accourir à Daphé. Convaincu par ses propres yeux du dégat causé dans le temple, il fait venir les prêtres du dieu, et les interroge par les plus cruelles tortures, pour découvrir si cet accident provenait de leur négligence ou de la hardiesse des chrétiens. Mais cet odieux expédient ne servit qu'à lui démontrer qu'en effet la foudre du ciel avait écrâsé le prétendu dieu. Alors craignant d'en être écrâsé lui-même, il se garda bien de faire relever l'idole.

Ce trait, fameux dans les anciennes annales, est raconté; 1°. par St. Jean Chrysostôme, dans son discours contre les Gentils et dans la quatrième homélie sur l'éloge de St. Paul. Il déclare en avoir été témoin occulaire;

2°. Par Théodoret, dans son histoire, liv. 3, ch. 6 et dans un autre endroit de ses écrits;

3°. Par Sohomène et d'autres écrivains célèbres de l'antiquité.

4°. Par Ammien-Marcelin, auteur payen. A la verité il n'entre pas dans les mêmes détails; mais en disant, liv. 2, pag. 255, *que Julien fit enlever tous les corps inhumés en cet endroit, pour les purifier*, il confirme suffisamment le recit des autres. Il se trouvait naturellement fort embarrassé, par la raison que l'empereur apostat était le héros de son histoire; on lui doit savoir bon gré de sa sincérité. Il ne dissimulait pas les faits favorables au christianisme. C'est déjà lui qui raconte la fameuse entreprise de Julien pour reconstruire le temple de Jérusalem.

D'après tous ces témoignages des anciens auteurs, tant religieux que profanes, il est invinciblement prouvé que la puissance de la religion chrétienne imposa silence aux oracles du paganisme, précisément parce qu'ils étaient les organes du démon.

§ V.

Conclusion légitimement tirée des premiers.

Les logiciens enseignent que lorsqu'un syllogisme est en forme et que la majeure et la mineure sont prouvées, on est forcé d'admettre la conclusion : c'est la règle du bon sens. Qu'il nous soit donc permis de reproduire notre argument.

Majeure. Le principe qui agit dans les somnambules magnétiques, est le même que celui qui agissait dans les oracles et les sibylles du paganisme.

Ce sont les magnétiseurs eux-mêmes qui l'ont dit, et ils ont eu raison de le dire.

Mineure. Or le principe qui agissait dans les oracles, et les sibylles du paganisme, c'est le démon.

Nous l'avons prouvé par des autorités que les magnétiseurs ne parviendront jamais à réfuter.

Conclusion. Donc c'est le démon qui agit dans les somnambules magnétiques.

L'argument est en forme, et c'est la conséquence la plus directe.

A tout cela les défenseurs du mesmérisme répondront qu'ils ont prouvé que les phénomènes du somnambulisme peuvent s'expliquer par les lois de la physique et de la physiologie. C'est précisément ce que nous avons la témérité de leur contester. Nous ne craignons pas d'entrer en discussion avec eux, bien persuadés par la lecture de leurs écrits qu'il ne faut pas être un grand physicien pour montrer que leurs prétendues explications ne sont rien moins que physiques. Elles ne servent qu'à prouver leur embarras, et ne manqueront pas de convaincre la plupart de ceux qui liront notre ouvrage, qu'en effet le magnétisme est une œuvre diabolique.

CHAPITRE V.

LE PRINCIPE DU MAGNÉTISME CONTRAIRE

A L'ORDRE NATUREL.

§ 1er.

De l'existence du prétendu fluide magnétique.

L'auteur de l'histoire critique est sans contredit celui qui a le mieux écrit sur le magnétisme. D'ailleurs étant le dernier venu, il est censé avoir profité des lumières de ceux qui l'ont dévancé. Les connaisseurs conviendront qu'il suffit d'avoir à faire avec lui.

Commençons par examiner le principe d'où il part pour expliquer la plupart des phénomènes. Il suppose un fluide qui sort du magnétiseur, et qui se communique à celui qu'on magnétise. Si vous lui demandez, quel est ce fluide, quelle est sa nature, quelles sont ses modifications? il vous répondra : « Nous ne le savons pas, et « nous ne le saurons peut-être jamais. » (*Hist. crit.* *pag.* 81).

Mais au moins a-t-on des preuves que ce fluide est quelque chose de réel? Existe-t-il? (*page 82*). « On ne » peut guère douter de son existence. La plupart des

» somnambules voient un fluide lumineux et brillant
» environner le magnétiseur ; .... il a pour eux une
» odeur agréable, et il communique un goût particulier
» à l'eau et aux aliments ».

On ne peut douter de l'existence d'une chose que l'on
voit ; mais nous n'avons pas oublié que les somnambules
ont les yeux fermés ; il faut donc suspendre notre jugement jusqu'à ce que l'auteur nous ait expliqué ce mystère. » Quelques personnes aperçoivent ce fluide lors-
» qu'on les magnétise, quoiqu'elles ne soient pas en
» somnambulisme ; j'en ai même rencontré qui l'aper-
» çoivent en magnétisant ; mais ces cas sont extrême-
» ment rares ».

Autre mystère. Le fluide magnétique est parfaitement
aperçu par les somnambules qui ont les yeux fermés ;
mais il est extrêmement rare qu'il soit aperçu par les
magnétiseurs qui ont les yeux bien ouverts. C'est sans
doute notre ignorance qui est cause que nous ne com-
prenons pas cela.

Quoiqu'il en soit du témoignage de ces sortes de
témoins, dont les uns ont les yeux fermés et les autres
les yeux ouverts, une chose est certaine, c'est qu'ils
ont une vue admirable. Le fluide magnétique, s'il existe,
est sans contredit tout ce qu'il y a de plus subtil dans la
nature. Telle est son extrême ténuité, qu'il pénètre à
travers les corps opaques. Nous le savons déjà par le
rapport de MM. les commissaires du Roi, qui ont vu
magnétiser à travers un mur, et nous l'apprenons encore
mieux de M. Deleuze qui, après l'avoir déclaré en termes
formels, ajoute, page 185 :

« Bien qu'il soit très difficile d'expliquer comment
» le fluide magnétique peut agir d'un appartement à

18

» l'autre, la plupart des magnétiseurs en sont convain-
» cus. J'ai moi-même fait des expériences qui tendent à
» le prouver ».

D'un appartement à l'autre! Quelques-uns pourraient
penser que c'est par la porte ouverte, tandis que c'est
réellement à travers la muraille. Pour que l'on ne soit
pas trop étourdi d'une pareille découverte, l'auteur continue en ces termes :

» Au reste,... il n'est pas plus aisé de comprendre
» comment l'éclat d'un charbon ou d'une bougie se fait
» apercevoir instantanément à une grande distance à
» travers des corps transparents, ni comment la lumière
» d'une étoile arrive jusqu'à nous ».

Soit, que nous ne puissions pas le comprendre, la
science de la physique ne consiste pas à tout expliquer,
mais à porter des jugements d'après les règles établies
par l'expérience, et par des observations uniformes et
constantes. Personne ne s'étonne de ce que la lumière
des étoiles arrive jusqu'à nous, ni de ce que des corps
ignés soient instantanément aperçus à travers des corps
transparents; mais on crierait au miracle si l'on aper-
cevait les étoiles, et même le soleil à travers les nuages.

Quant aux corps transparents, bien loin d'intercepter
la lumière, ils peuvent, étant façonnés d'une certaine
manière, en augmenter prodigieusement les effets. Or
donc, si l'astre du jour, dont il est impossible de soutenir l'éclat, ne peut percer les vapeurs de l'atmosphère,
ni même une planche d'une ligne d'épaisseur, comment
voudrait-on nous persuader qu'il existe dans la nature
un fluide mille fois plus subtil que la lumière, qui pénètre à travers les murs, et qui malgré son incompréhensible ténuité peut être aperçu, soit qu'on ait les yeux

ouverts, soit qu'on ait les yeux fermés? Voilà peut-être ce que ne voudront pas admettre beaucoup de gens qui n'ont étudié la physique que dans les collèges et les universités. Cependant, puisque des crisiaques *endormis* nous attestent qu'ils ont vu le fluide magnétique, et qu'ils l'ont même senti par le goût et l'odorat, nous voulons bien nous en rapporter à leur témoignage. Voyons de quelle manière ce fluide est mis en mouvement.

§ II.

De la cause qui met le fluide magnétique en activité.

L'agent qui meut et dirige le fluide magnétique, c'est la *volonté* du magnétiseur, accompagnée d'une *foi vive* et d'une *grande confiance*, de sorte que pour former un bon magnétiseur, il faut la réunion de trois qualités : La foi, l'espérance et la charité.

(*Hist. crit. pag.* 56, 127, 240). « Tous ceux qui con» naissent le magnétisme, conviennent que son action
» dépend de la *volonté*, et que *cette volonté* doit être
» fortifiée par la croyance, par la confiance et par le
» désir du bien. Ou, autrement dit, que les trois qualités
» qui donnent de l'énergie au magnétisme, sont la *foi*,
l'*espérance* et la *charité*, et surtout le consentement à être magnétisé.

Qu'on lise les ouvrages de tous les physiciens de l'univers, on ne trouvera nulle part que, dans leurs découvertes et leurs expériences, il soit question de *foi*,

d'*espérance*, de *charité*, de *volonté*, de *consentement*.
Qui ne sent que ce sont là des modifications de l'âme,
qui appartiennent à l'ordre moral, et jamais à l'ordre
physique? Les lois de la nature produisent leur effet
indépendamment de la volonté et du consentement de
l'homme. L'ordre établi par le Créateur serait un véritable désordre, s'il dépendait des caprices de l'esprit
humain.

Un homme placé dans un lieu où luit le soleil, aura
beau dire : Je ne veux pas voir la lumière ni sentir la
chaleur; dans une glacière: Je ne veux pas sentir le
froid; dans un partère : Je ne veux pas sentir l'encens
des fleurs ; dans une chaîne électrique : Je ne veux pas
sentir la commotion; dans un air contagieux : Je ne veux
pas sentir le danger, il éprouvera toutes ces diverses
sensations malgré lui. Les causes physiques agissent
sur nous forcément, et ce n'est point par un simple acte
de notre volonté que nous pouvons nous en garantir.
Nous ne pouvons repousser un agent physique que par
un autre agent physique plus fort. Ainsi celui qui craint
le froid ne dira pas simplement : Je ne veux pas avoir
froid, mais il prendra la précaution, ou de se bien vêtir,
ou de s'approcher du feu.

Or, de tous les fluides qui existent dans les astres,
dans l'éther, dans toutes les créatures terrestres, animées et inanimées, le plus subtil est sans contredit le
fluide magnétique, si toutefois son existence n'est point
une chimère. On nous dit qu'il pénètre à travers les murs
avec la même facilité que la lumière pénètre à travers
une vitre de cristal; d'où vient donc qu'un homme peut
le repousser en disant simplement : *Je ne veux pas*
qu'il arrive jusqu'à moi, je ne consens pas qu'il pénè-

tre dans mon corps, je ne veux pas être magnétisé? En
vain le magnétiseur, plein de foi, d'espérance et de charité, mettra en usage tout ce qu'il sait faire, soit avec
ses mains, soit avec ses baguettes de fer, l'autre pour
le confondre, pour anéantir tous les efforts de sa volonté, pour annuller tous ses moyens d'attaque, n'aura
la peine que de dire : *Je ne veux pas.*

Pour comprendre que tout cela n'est rien moins que
physique et naturel, écoutons ce que dit notre auteur.
Après avoir enseigné la manière de magnétiser une bouteille d'eau, il ajoute :

(Pag. **121.**) « L'haleine, envoyée dessus deux ou
» trois fois, achève de la charger.....»

» Voici qui est plus singulier, mais qui n'est pas
» moins certain. D'autres corps peuvent être chargés
» de fluide, assez pour renouveler les effets que produi-
» rait la main du magnétiseur..... Je dois dire en un
» mot du procédé que j'emploie pour magnétiser des
» plaques de verre et d'autres corps semblables.... »

» On magnétise de même un baquet....
» On magnétise un arbre...... »

Cette énumeration montre que l'on magnétise à peu-
près tout ce que l'on veut ; cela se fait même avec une
extrême facilité : le magnétiseur n'éprouve aucune résis-
tence de la part des êtres inanimées. Qu'on veuille donc
nous expliquer pourquoi, pour magnétiser le corps humain, il faut nécessairement le consentement de l'ame à
laquelle il est uni? Quel est ce mystère? L'Esprit qui
anime notre corps ne peut arrêter aucun des fluides que
nous connaissons dans la nature, tandis que par un seul

18.

acte de sa volonté, il repousse le fluide magnétique?
De là il suit évidemment que l'agent du magnétisme est
un être auquel nous pouvons résister, un être qui n'a
aucun pouvoir sur nous, à moins que nous lui donnions
notre consentement. Ne serait-ce pas celui dont il est
écrit, *Resistite diabolo, et fugiet a vobis?* Résistez au
démon et il s'enfuira loin de vous?

§ III.

Conjecture remarquable.

Le diable est le singe de Dieu. Autrefois, lorsqu'il
paraissait régner sur la terre en maître absolu, il eut
l'insolence de se mettre à la place de la divinité. Il voulut
avoir ses temples, ses autels, ses sacrifices, ses pontifes,
ses prophètes; de là les oracles et les sibylles. Mais
depuis qu'il est précipité du trône sublime qu'il avait
érigé au-dessus des astres, il a voulu se dédommager en
cherchant à singer son vainqueur. Voyant que le fils de
Dieu a institué des signes sensibles, auxquels la grâce est
attachée, l'antique Serpent, à son imitation, a également
établi des signes, auxquels il attache sa protection : ce
sont les mouvements que fait le magnétiseur, soit avec
ses mains, soit avec ses baguettes de fer, pour lancer le
prétendu fluide magnétique. Non content de cela, le
démon veut encore singer les pratiques et les institutions
de l'Église. Par exemple, comme elle est dans l'usage de
bénir l'eau des fonts sacrés avec certaines cérémonies,
ou de bénir diverses substances pour les rendre salutaires
aux fidèles ; ainsi le singe de Dieu, c'est-à-dire le diable,
veut que l'on fasse de l'eau magnétisée, en observant

d'envoyer dessus l'haleine deux ou trois fois, conformément à ce que les Évêques et les prêtres ont coutume de
pratiquer dans diverses bénédictions d'après les règles
établies. L'eau bénite étant employée dans la plupart
des cérémonies et des prières de l'Eglise, et l'usage de
cette eau étant singulièrement recommandé aux fidèles
à cause de sa vertu, le singe de Dieu ne manque pas de
persuader à ses dupes que rien n'est plus salutaire ni plus
merveilleux que son eau magnétisée. Ecoutons parler
notre auteur, qui va nous en dire des choses admirables.

(*Hist. crit. pag.* 119). « Il faut toujours faire boire de
» l'eau magnétisée aux malades qu'on traite par le magné-
» tisme. Cette eau produit des effets surprenants. J'ai vu
» plus de vingt fois de suite une malade être purgée sept
» ou huit fois dans la journée, sans aucune colique, en
» buvant une bouteille d'eau magnétisée ; et je me suis
» assuré, par des expériences comparatives, que c'était
» l'eau magnétisée qui produisait cet effet (1). »

De l'eau qui produit un effet plus salutaire que tous
les remèdes de la pharmacie, et qui devient si miraculeuse, parce qu'un homme a fait quelques singeries et
soufflé dessus deux ou trois fois! Voilà certainement ce
que les physiciens auront de la peine à expliquer.

Le même auteur (*pag* 100) nous apprend que le fluide
magnétique s'échappe et se communique principalement
par le pouce. Il ajoute une note pour déclarer qu'il ne

---

(1) Ce n'est point l'eau magnétisée qui purge, mais bien le
démon qui opère dans l'estomac et les intestins. Il a ce pouvoir et il opère lorsqu'il y trouve son intérêt et que Dieu le
lui permet. Offmann et le docteur Billot le prouvent (NOTE DE
L'ÉDITEUR).

peut rendre raison de cette singularité. Physiquement parlant, il a raison : il est évidemment impossible de l'expliquer d'une manière naturelle ; mais ne pourrait-on pas soupçonner que le singe de Dieu manifeste en cela une intention particulière? Sachant que les ministres du Très-Haut se servent de leur pouce qui est sacré , dans leur ordination , pour faire les signes les plus augustes et les onctions les plus saintes , il a jugé convenable que la vertu de son magnétisme soit principalement communiqué par le pouce. Ce sont là des observations qui paraissent n'être rien , et qui deviendront sérieuses quand on y aura un peu réfléchi.

Au reste , ceux qui ont étudié les mystères des illuminés et des sociétés ténébreuses, trouveront que dans une multitude de circonstances, les Anges du diable ont établi des pratiques et des cérémonies semblables à celles de l'Eglise. C'est le penchant de Lucifer de vouloir s'égaler à Dieu et de contrefaire toutes ses œuvres. Il n'a rien perdu de son orgueil.

Mais après avoir examiné le magnétisme dans son principe, il importe de le considérer dans ses phénomènes.

CHAPITRE VI.

LES PHÉNOMÈNES DU MAGNÉTISME, CONTRAIRES A CEUX DE LA NATURE.

§ 1er.

Comment les somnambules magnétiques peuvent voir les yeux fermés.

L'auteur de l'histoire critique du magnétisme animal, semble n'avoir d'autre dessein que d'enseigner les règles pour l'appliquer avec succès à la guérison des maladies ; mais il ne faut pas avoir l'air très clairvoyant pour s'apercevoir qu'il s'attache spécialement à prouver que tous les phénomènes du magnétisme peuvent très bien s'expliquer par les lois de la physique.

Partout il manifeste une répugnance extrême pour admettre des causes occultes. Il ne cesse de donner à entendre que tout ce qu'un philosophe ne peut ni comprendre ni expliquer, doit être rejeté avec mépris. Cependant il est lui-même arrêté à chaque instant et forcé de reconnaître les bornes de son intelligence. Cela ne fait rien ; les mystères ne l'épouvantent pas, pourvu qu'il ne soit pas question de l'intervention des esprits. Hé bien ! voyons s'il y a beaucoup de solidité dans les raisonnements qu'il apporte pour démontrer que tout est naturel dans les phénomènes surprenants du somnambulisme magnétique. Voici d'abord comment il explique de qu'elle manière on peut naturellement voir et entendre quoique l'on ait les yeux et les oreilles fermés.

(*Hist. crit. page* 175). « Le somnambule a les yeux
» fermés, et ne voit pas par ses yeux ; il n'entend point
» par les oreilles; mais il voit et entend mieux que
» l'homme éveillé. »

Quand l'Évangile dit : Les aveugles voient, les sourds entendent, cela signifie que les yeux des aveugles sont ouverts, et les oreilles des sourds sont restituées dans leur état naturel ; mais ici c'est tout le contraire. On ferme les yeux à un homme pour qu'il y voie plus clair, on lui bouche les oreilles pour qu'il entende plus directement. Or, ouvrir les yeux à un aveugle, c'est un miracle ; mais fermer les yeux à un homme pour lui faire voir plus clair, c'est une chose toute naturelle, et vous allez voir comment :

(*Idem, pag.* 175). « Dans l'état de veille, l'impression reçue à l'extérieur de nos organes est transmise au cerveau, dans lequel s'opère le phénomène de la sensation. La lumière frappe nos yeux et les nerfs dont la rétine est tapissée, en propageant jusqu'au cerveau l'ébranlement qu'ils ont reçu y font naître la sensation de clarté. Dans l'état de somnambulisme, l'impression est communiquée au cerveau par le fluide magnétique. Ce fluide, d'une extrème ténuité, pénètre tous les corps, lorsqu'il est poussé par une force suffisante, et il n'a pas besoin de passer par le canal des nerfs pour parvenir au cerveau. »

« Ainsi le somnambule, au lieu de recevoir la sensation des objets visibles par l'action de la lumière sur les

yeux, la reçoit immédiatement par celle du fluide magnétique qui agit sur l'organe interne de la vision. »

« Ce que je dis de la vue, peut s'appliquer à l'ouïe et
voilà pourquoi ... »

C'est ce qui s'appelle éclaircir un mystère par des mystères mille fois plus incompréhensibles.

1º On nous dit que le fluide magnétique remplace la
lumière; mais au lieu de frapper les yeux, pour être de
là transmis au cerveau par les nerfs dont la rétine est
tapissée, il prend le chemin le plus court, et passant à
travers tous les obstacles, il va directement aboutir au
cerveau, où se trouve l'organe interne de la vision. C'est
précisément pour cette raison que le somnambule ne
pourra rien distinguer et ne verra les objets visibles, ni
dans les détails ni dans l'ensemble; parce que selon les
principes de l'optique, il faut nécessairement que les
rayons qui partent de ces mêmes objets, soient rassem-
blés dans le centre de l'œil, et forment un angle plus ou
moins aigu, selon que les choses aperçues soient plus ou
moins éloignées.

2º Que vient-on nous parler d'un organe interne de la
vision? S'il existe, il est nécessairement matériel. N'aurait-
il pas fallu un peu expliquer aux ignorants comment il est
fait, et dans quel endroit du cerveau il est placé? Quoiqu'il en soit, cet organe interne est distingué de l'organe
extérieur, alors il existera aussi dans les aveugles, puisque leur cerveau est fait comme celui des autres hommes.
Ainsi qu'on magnétise un aveugle et qu'on le fasse tomber
en somnambulisme, il verra plus clair que ceux qui ont
de bons yeux bien ouverts;

3º Si le fluide magnétique chez les somnambules,
remplace la lumière qui nous fait distinguer les objets

visibles, comment peut-il en même temps remplacer l'air qui frappe nos oreilles ? La clarté peut-elle être produite par le véhicule du son qui produit la sensation de l'ouïe ?

Nous nous permettrons d'appeler absurdités de pareilles explications, et nous dirons que les somnambules ayant les yeux fermés, ne peuvent rien voir par eux-mêmes ; mais qu'un agent caché, dont le nom est facile à deviner, voit et entend pour eux. Passons à un autre phénomène.

§ II.

Comment le somnambule peut lire dans la pensée du magnétiseur.

(*Hist. crit. pag.* 181). « Un somnambule saisit la volonté de son magnétiseur ; il exécute une chose qui lui est demandée mentalement ; et sans proférer de paroles. Pour se rendre raison de ce phénomène, il faut considérer les somnambules comme des aimants infiniment mobiles. Il ne se fait pas un mouvement dans le cerveau de leur magnétiseur, sans que ce mouvement ne se répète chez eux, ou du moins sans qu'ils ne le sentent. On sait que si l'on place à côté l'un de l'autre deux instruments à l'unisson et qu'on pince les cordes du premier, les cordes correspondantes du second, résonnent d'elles-mêmes. Ce phénomène physique est semblable à celui qui a lieu dans magnétisme. »

Voilà qui est vraiment admirable. Le magnétiseur commande mentalement sans proférer aucune parole, ni donner aucun signe, et le somnambule saisit sa volonté, connaît sa pensée et se met à exécuter ses ordres.

Si le prodige étonne, l'explication étonne davantage.

Pour nous faire comprendre comment les idées qui sont
dans un cerveau, et qui ne sont manifestées par aucun
signe extérieur, peuvent passer dans un autre, on nous
parle de deux instruments à l'unisson. Si, par exemple,
on fait entendre sur le premier l'accord parfait *ut, mi, sol*,
le second répète de lui-même *ut*, *mi*, *sol*. C'est fort bien;
mais entre ces deux instruments, il existe un conducteur
intermédiaire, qui transporte le son de l'un à l'autre. Les
physiciens nous apprennent que c'est l'air diversement
modifié, selon que les cordes sont plus ou moins grosses,
plus ou moins longues, plus ou moins tendues. Or, quel
rapport semblable peut-il exister entre le cerveau du
magnétiseur et celui du somnambule? Qui a mis entre
les fibres du premier et les fibres du second un accord si
parfait? Par quel intermédiaire les mouvements de l'un
sont-ils répétés et répercutés dans l'autre? Et quand
même les fibres seraient à l'unisson dans les deux cerveaux, le somnambule pourrait-il, par ce moyen, découvrir la volonté du magnétiseur? N'est-ce pas une absurdité amère de prétendre que les opérations de l'ame se
communiquent de la même manière que les sons matériels
d'un instrument? Quelle admirable invention que ce fluide
magnétique, qui met deux cerveaux en parfaite harmonie! Il remplace toutes les facultés corporelles et intellectuelles! Les organes de la vue, de l'ouïe, de la parole,
deviennent inutiles. Le somnambule a les yeux fermés
et il voit; il a les oreilles bouchées et il entend; on ne
lui parle pas et il comprend.

Les sots, accoutumés à prendre les grands mots pour
de grands raisonnements, pourront croire que tout cela
est très physique; mais les hommes sensés, en attendant
qu'on leur apporte de meilleures raisons, diront que c'est

19

contraire à l'ordre naturel. Il n'y a que la mort qui puisse
dégager l'ame des liens du corps, et tant quelle sera unie
au corps, elle ne peut voir que par les yeux, elle ne peut
entendre que par les oreilles, elle ne peut connaître les
pensées d'un autre esprit que par les signes établis et
convenus pour les exprimer. Si l'action de voir, d'entendre, de comprendre, arrive d'une autre manière, elle
est *surhumaine* et procède d'un principe autre que celui
de la nature. Tel est le langage des vrais physiciens et
des vrais physiologistes.

§ III.

*Comment les somnambules peuvent apercevoir les
objets à une grande distance et à travers les corps
opaques.*

(*Hist. crit. pag.* 157). « Il me reste un mot à dire du
phénomène le plus incompréhensible : c'est celui du
rapport que plusieurs somnambules prétendent exister
entre eux et certains objets, et d'après lequel ils voient
ces objets, quoiqu'ils en soient très éloignés.

« Lorsqu'on a suivi plusieurs traitements magnétiques,
et qu'on en a lu les diverses relations, il est difficile de
nier le fait. »

Il est difficile de nier le fait ! Oui, sans doute ; mais
il est encore plus difficile de l'expliquer, et c'est pourquoi l'auteur voudrait bien en être dispensé, car il
ajoute :

« Cependant, je dois avertir que tous les somnambules
n'ayant pas cette faculté, les preuves en sont bien moins

nombreuses ; et je ne demande à personne de croire à un phénomène si surprenant, qu'autant qu'il l'aura lui-même vérifié. Qu'il me soit permis de l'admettre un moment et de proposer à ce sujet quelques réflexions. »

Après avoir demandé cette permission, que tous les lecteurs lui accordent très volontiers, surtout ceux qui savent que le fait est incontestable, il commence son explication par montrer la communication que divers fluides, tels que l'air, l'aimant, l'électricité, la lumière, établissent entre des corps placés très loin les uns des autres ; puis il vient au point de la question, et dit :

« S'il est vrai, comme je crois l'avoir prouvé (*c'est bien dit*), que le fluide magnétique pénètre tout, il peut être de même un moyen de communication entre les corps, et donner aux êtres vivants, lorsqu'ils sont disposés à en recevoir l'influence, le sentiment de ce qui se passe loin d'eux ; il suffit pour cela (*remarquez bien*), il suffit pour cela qu'ils fixent leur attention sur un objet, et qu'il y ait eu antérieurement un rapport ou un lien entre eux et cet objet. »

Jadis la célèbre sibylle de Delphes, du fond de son sanctuaire, aperçut au-delà de la Méditerranée, bien avant dans l'Asie mineure, le roi Crésus caché dans un souterrain et occupé à faire cuire une tortue dans un chaudron d'airain. C'est ainsi que des somnambules ont su dire ce qui se passait relativement à certaines personnes dont on leur demandait des nouvelles, et qui demeuraient dans des villes fort éloignées. Que la distance soit plus ou moins considérable, cela ne change point la nature du prodige. Il n'est pas plus contre l'ordre naturel d'apercevoir un objet à travers une montagne que de l'apercevoir à travers un mur. Celui qui, du fond d'un appartement, dont les portes et les fenêtres sont closes, peut découvrir ce qui arrive à un quart de lieue, ou simplement dans la maison voisine, ne surprendra pas davantage, en disant qu'il voit à une distance de deux ou trois cents lieues. On conçoit, sans peine, que si la vue d'un crisiaque n'est point arrêtée par les corps opaques, elle ne le sera pas non plus par l'éloignement de l'objet sur lequel on lui demande des renseignements : cela est d'autant plus vrai qu'il a les yeux fermés, et que très certainement, il n'est point d'obstacle naturel comparable à celui-là, quand il s'agit de regarder et d'apercevoir les choses visibles.

Mais qu'importent tant et de si graves inconvénients ! Voici comme on explique physiquement un phénomène si incompréhensible.

Supposons qu'un somnambule soit placé à l'extrémité d'une ville, telle que Paris, et que la personne dont on lui demande des nouvelles soit placée à l'autre extrémité. Il ne l'a pas vue depuis long-temps ; il ignore ce qu'elle est devenue ; mais il a eu autrefois des rapports avec elle, ou lui a été attaché par quelque lien ; *cela suffit*, dès l'instant qu'on lui parle de cette personne, et que son attention est fixée sur elle, vîte le fluide magnétique part de l'objet éloigné, et pénétrant tout, il traverse les rues, les maisons, les murs les plus épais, bien entendu par le chemin le plus court, et vient en ligne directe aboutir à l'organe interne de la vision, dans le cerveau du somnambule. Voilà qui est fait : la communication est établie et le phénomène expliqué. Libre à qui bon semblera d'appeler cela une explication physique ; quant à nous, il nous est impossible d'y apercevoir autre chose, sinon un délire d'imagination. Est-ce donc ainsi que l'on prétend nous démontrer que ceux qui admettent l'intervention des esprits dans certains faits incompréhensibles, ne sont que des esprits ignorants et superstitieux ? Est-il plus absurde de croire à l'existence des causes occultes, que de croire à l'existence d'un fluide qui pénètre à travers les murs et les montagnes, et par le moyen duquel la sibylle de Delphes pouvait jadis découvrir ce qui se passait dans les souterrains de Sardes, comme aussi une somnambule de Lyon peut apercevoir à travers les Alpes et les Appennins, ce qui se passe dans le Vatican de Rome? Si des gens qui traitent les autres d'imbéciles, se contentaient de nier des faits si prodigieux, on le leur pardonnerait, puisqu'il n'y a nulle obligation de les admettre comme certains ; mais qu'ils entreprennent de les expliquer d'une manière naturelle, c'est une des plus impertinentes prétentions dont soit capable l'esprit humain.

§ IV.

Petit problème proposé aux magnétiseurs.

Puisque les défenseurs du magnétisme savent si bien rendre raison des phénomènes qu'ils ont observés, en voici un qui nous paraît digne d'exercer leur sagacité.

(*Hist. crit. pag.* 177). « Je dois à ce sujet, faire mention d'un phénomène psycologique fort extraordinaire ; c'est qu'on a vu quelquefois des somnambules, parler d'eux-mêmes comme si leur individu, dans l'état de veille, et leur individu dans l'état de somnambulisme étaient deux personnes différentes.... »

« Madame N., qui avait eu une éducation distinguée, ayant perdu sa fortune à la suite d'un procès, elle se

détermina, de l'aveu de son mari, à entrer au théâtre,
où ses talents lui assuraient des succès et des appointe-
ments considérables. Tandis qu'elle s'occupait de ce
projet, elle fut malade, et devint somnambule. Comme
dans son somnambulisme, elle annonçait des principes
opposés au parti qu'elle allait prendre, son magnétiseur
l'engagea à s'expliquer, et il en obtint des réponses
auxquelles il ne pouvait s'attendre. Pourquoi donc voulez-vous entrer au théâtre? *Ce n'est pas moi, c'est elle.*
Mais pourquoi donc ne l'en détournez-vous pas? *Que
voulez-vous que je lui dise? C'est une folle.* »

Je tiens cette anecdote du magnétiseur, dont l'exactitude et la véracité me sont bien connues ».

Tel est le phénomène dont on demande l'explication.
Que répondent ceux qui rejettent les causes occultes? Ils
se contentent de témoigner leur surprise, et d'appeler
cela *un phénomène psycologique fort extraordinaire.*
Cependant rien n'est plus facile à comprendre dans le
système des vrais sages, qui reconnaissent la réalité de
la magie. Le magnétiseur s'adressant à Madame N., lui
demande : Pourquoi donc voulez-vous entrer au théâtre?
Le démon répond : *Ce n'est pas moi ; c'est elle.* N'avait-
il pas raison? Le magnétiseur ajoute : Pourquoi ne l'en
détournez-vous pas? Le diable réplique : *Que voulez-vous
que je lui dise? C'est une folle.* Voilà comment cet esprit
de malice et de perfidie se plaît à mystifier et à tourner
en dérision ceux qu'il a réussi à séduire et à tromper.
N'est-ce pas lui encore qui, très probablement, se moque
des magnétiseurs et les trompe cruellement en leur per-
suadant que les œuvres surhumaines dont il est le principe, ne sont que des secrets merveilleux de la nature,
des expériences admirables de physique ou de psycologie?

Telle est son astuce, que pour mieux réussir à les duper et à les aveugler, il leur a mis dans la tête qu'il existe un fluide infiniment subtil, qui pénètre à travers les corps les plus durs et les plus épais, et qui est la cause principale de tous les phénomènes du magnétisme. De cette manière, il se tient caché derrière la scène, et fait agir et mouvoir les acteurs sans être reconnu. Mais comme il est extrêmement capricieux, il ne laisse pas de temps en temps d'imiter le loup de la fable, qui, en se couvrant de l'habit de berger, avait négligé la précaution de bien cacher ses oreilles. C'est ainsi que les magnétiseurs eux-mêmes, en voulant nous montrer qu'ils sont de grands physiciens et de grands médecins, ne font que nous convaincre parfaitement qu'il existe un être souverainement haïssable et malfaisant. dont ils sont les instruments.

Avançons cependant, et voyons comment ils vont nous expliquer physiquement les prédictions des somnambules, ou plutôt nous fournir une nouvelle preuve que la terrible accusation dirigée contre eux n'est que trop bien fondée.

§ V.

Comment les crisiaques magnétiques peuvent lire dans l'avenir.

(*Hist crit. pag…*). « Un somnambule annonce une maladie qu'il doit avoir dans quelques mois, parce qu'il voit l'effet dans la cause, et qu'il juge la marche de ses organes et les suites de son état actuel, sauf les accidents étrangers à lui. Il explique comment une maladie actuelle s'est développée chez lui, ou chez un individu avec lequel il est en rapport, et alors il voit la cause dans l'effet. »

Il nous semble que l'auteur est à cent lieues de l'état de la question. Qui ne sait que tout le monde peut quelquefois prédire l'effet par la cause, de la manière dont il nous l'explique lui-même (*pag.* 279)?

« Je suis placé au bord d'une rivière sur laquelle est un pont de plusieurs arches. Je vois aussi loin que ma vue peut distinguer les objets, un bateau qui s'avance vers le pont, et je dis que ce bateau passera sous la troisième arche , parce que je vois sa direction, celle du courant de l'eau et le mouvement que les bateliers font faire aux rames. Cette prévision est toute simple. » — Oui, sans doute, extrêmement simple : aussi n'est-ce point de pareilles prévisions qu'il s'agit. Voudrait-on nous donner le change et nous persuader que les somnambules ne prédisent que les résultats des causes, qui existent en eux-mêmes et dont ils sont capables de calculer les effets ?

Commençons par observer, qu'il est naturellement impossible que des gens qui n'ont que l'ignorance en partage, qui ne savent rien de rien, apprennent tout-à-coup, sans aucune étude et comme par inspiration, les plus profonds secrets de la médecine, de manière à égaler et à surpasser les docteurs qui ont blanchi sur les livres pendant une longue suite d'années, et qui ont ajouté la science de la pratique à celle de la théorie. Il n'y a que des sots, à qui l'on puisse persuader que l'esprit humain, enveloppé d'épaisses ténèbres, puisse, dans un clin-d'œil, devenir si éclairé, à moins que ce ne soit par une voie surnaturelle. Mais sans insister plus long-temps sur une considération si évidente ; venons au vrai point de la difficulté.

La somnambule de M. Tardy de Montravel, dont l'histoire est rapportée plus haut, et que l'explicateur connaît certainement mieux que nous, dès le deuxième jour du mois de mai, prédit des événements qui devaient arriver le 22 janvier suivant. Dans la crise du 29 septembre, elle disait à son magnétiseur : « Le vingt-deux janvier, je voudrai courir après quelqu'un que j'aurai manqué, je prendrai chaud et froid, et ma maladie commencera pour lors. » Tout ce qu'elle avait avancé s'accomplit à la lettre au jour marqué.

Or, nous demanderons à l'explicateur. — Cette somnambule en faisant une si singulière prédiction, voyait-elle l'effet dans la cause, puisque la cause n'existait pas encore? Pouvait-elle juger, par la marche de ses organes, qu'à un jour fixé, encore éloigné de quatre mois, elle serait dans l'occasion de manquer une personne, de lui courir après, de prendre chaud et froid, d'être attaquée d'une fausse pleurésie, qui cependant n'aurait pas de suites funestes? Pour faire une prédiction pareille, ne fallait-il pas combiner les effets d'une infinité de causes étrangères et parfaitement inconnues à la somnambule, prévoir, non seulement la marche des organes, la source, la nature, les suites de la maladie, le mois et le quantième du mois où elle devait se déclarer ; mais encore les libres déterminations des volontés humaines?

Il ne faut donc pas espérer d'en imposer, en disant froidement que les somnambules voient l'effet dans la cause. Il paraît que l'auteur de l'*Histoire critique* l'a parfaitement senti lui-même. Il revient souvent sur l'article des prédictions et tout ce qu'il en dit annonce que ces sortes de faits le chagrinent et l'embarrassent. C'est que pour les expliquer, le prétendu fluide magnétique ne peut lui être d'aucun secours. Tout le monde comprend qu'il est encore plus difficile de lire dans l'avenir, que de voir à travers les murs et les montagnes. Il ne faut au démon qu'un clin-d'œil pour faire le voyage de Paris à Pékin; mais prédire l'avenir est une chose difficile, même pour le diable; aussi lorsque dans les siècles antiques, il rendait ses oracles, il était dans l'habitude de faire des réponses à double sens pour ne pas s'exposer à être convaincu d'ignorance. Cependant comme son intelligence surpasse incomparablement l'intelligence humaine, les petites prédictions des somnambules ne sont pas hors de sa portée (1).

Nous pourrions prolonger la discussion, examiner d'autres phénomènes; mais nous croyons en avoir dit suffisamment pour montrer que les défenseurs du magnétisme, bien loin *d'avoir ramené à l'ordre naturel, ce que l'ignorance et la superstition attribuaient à des causes occultes*, ont eux-mêmes fourni des armes victorieuses à ceux qui pensent que le mesmérisme tire son origine de l'enfer.

---

(1) Comme les démons ont souvent permission de Dieu de tromper, d'aveugler les pécheurs qui les consultent et qui s'abandonnent aux superstitions de la magie, dès-lors le démon qui parlait par la bouche de la somnambule a pu prédire des accidents qu'il était en son pouvoir, avec la permission de Dieu, de susciter et d'opérer.

§ VI.

Comment le démon a réussi à tromper des personnes

vertueuses.

Avant d'aller plus loin, il est indispensable de répondre à une difficulté fort raisonable que l'on ne manquera pas de nous objecter.

Parmi ceux qui ont pratiqué le magnétisme, se trouve une multitude de personnes recommandables par leur piété, qui n'ont cessé de donner des preuves de leur sincère attachement à tout ce que la religion catholique ordonne de croire et de pratiquer : Souffriront-elles qu'on les accuse d'avoir eu des intelligences avec l'enfer? Ne s'empresseront-elles pas de publier d'une voix unanime que c'est une odieuse calomnie?

A Dieu ne plaise qu'on veuille leur imputer le crime d'avoir la plus légère correspondance avec les Anges réprouvés! Il n'y a pas de doute qu'elles préféreraient mille fois la mort. Mais si elles sont innocentes, sous le rapport du motif qui a dirigé leurs actions, si elles n'ont pas connu le véritable secret du magnétisme, il n'en est pas moins vrai qu'elles ont été trompées par l'ennemi commun de tous les hommes et lui ont servi d'instrument pour accréditer son œuvre : « Si le diable » se montrait souvent, dit le comte d'Oxenstien, il » n'y aurait pas, à coup sûr, tant d'impies ». L'oiseleur qui veut attrapper des oiseaux, se cache le mieux qu'il peut, pour ne pas être aperçu; c'est aussi la pensée de saint Evrémond. « Si le démon se montrait à découvert » dans ce siècle, il détruirait l'incrédulité ».

Lors donc que des hommes vertueux ont voulu connaître les phénomènes du magnétisme par leur propre expérience, le démon se gardait bien de leur dire : N'en faites rien, c'est moi qui en suis l'agent invisible. Il les confirmait au contraire, selon tout son pouvoir, dans la croyance que le magnétisme est un moyen naturel que le Créateur a donné à l'homme pour guérir son semblable.

Il triomphait, lorsque des persones pleines de confiance en Dieu, ajoutaient la prière aux pratiques du magnétisme, pour obtenir un résultat plus prompt et plus heureux. Il s'applaudissait de voir que son œuvre passait pour l'œuvre de Dieu, ou du moins, pour un nouvel agent découvert dans la nature. Il suscitait des hommes habiles pour faire l'éloge de son magnétisme et pour tourner en dérision ceux qui essaient d'en dévoiler le véritable secret.

(*Hist. crit. pag.* 114.) « Je magnétisais dans une petite ville, une femme qui depuis sept ans souffrait des douleurs affreuses.... Lorsque j'allais la trouver à sept heures du soir, des hommes et des femmes, qui venaient de faire leur journée, soit à la campagne, soit à la ville, se réunissaient chez elle : ils étaient ordinairement dix ou douze, et tous lui portaient intérêt. Quand ils avaient fourni la chaîne, je leur disais : Mes amis, priez Dieu pour la malade; alors ils se mettaient à dire le chapelet. Cette prière produisait une réunion d'intention qui était suivie des meilleurs effets. »

Quand on lit un trait si édifiant, pourrait-on se figurer que le diable fût de la partie? C'est ainsi qu'il se plaît souvent à se transformer en Ange de lumière. Ces bonnes gens qui disaient leur chapelet, étaient sans doute bien éloignées de soupçonner la présence d'un perfide oiseleur, qui, se cachant derrière le feuillage, se moquait de leur simplicité, leur tendait des piéges tout à son aise, et savourait l'abominable plaisir de tromper les hommes, le seul qui soit digne de lui, et le seul qui lui reste.

D'ailleurs la plupart des personnes pieuses qui ont suivi les expériences du magnétisme, savent très bien à quoi s'en tenir. N'ont-elles pas vu de leurs propres yeux que ce prétendu moyen de guérir les corps, est un moyen très bien imaginé pour perdre les ames? L'auteur, qui nous sert de guide, semble l'indiquer dans le passage suivant :

(*Hist. crit. p.* 106.) « Dans la pratique du magné-tisme, on ne saurait prendre trop de précautions pour ne point blesser la décence, et pour éviter tout procédé qui pourrait alarmer la pudeur. »

On ne saurait prendre trop de précautions! Ce conseil est très sage. Mais le conseil que beaucoup d'hommes vertueux ont reçu de leur propre conscience, est infini-ment plus parfait. Leur conscience leur a dit : *Retirez-vous; et ils se sont retirés.*

LE MAGNÉTISME ANIMAL

DÉVOILÉ.

Extrait d'une brochure ayant pour titre :

LE DISCERNEMENT DES ESPRITS,

Par le P. Hilarion Tissot.

Voici ce qui dit le savant Gerson, sur les choses surnaturelles et sur l'incrédulité des ignorants, des demi-savants et des faux philosophes :

« Certainement, dit ce grand homme, c'est une impiété et une erreur directement contraire aux saintes lettres, que de nier que les démons soient auteurs de plusieurs effets surprenants ; et ceux qui regardent tout ce qu'on en dit comme une fable, et qui se moquent des théologiens dès qu'ils attribuent quelques effets aux démons, méritent un souverain mépris.

« Quelquefois des savants même sont susceptibles de cette erreur, parce qu'ils laissent *affaiblir leur foi et obscurcir leurs lumières naturelles*. Leur ame, tout occupée des choses sensibles, rapportent tout au corps et ne peut s'élever jusqu'aux esprits détachés de la matière. C'est ce qu'a dit Platon, *que rien n'empêche si fort de trouver la vérité, que de rapporter toutes choses à ce que les sens nous présentent.* Cicéron, St-Augustin, au *Traité de la véritable Religion*, Albert-le-Grand, Guillaume de Paris, et surtout l'expérience, nous ont appris la même chose. On peut, en effet, en voir une preuve dans les Saducéens et les Épicuriens, lesquels, n'admettant rien que de corporel, se trouvent au nombre de ces insensés dont parle Salomon dans l'*Ecclésiaste* et dans la *Sagesse*, qui ont poussé la folie jusqu'à ne pouvoir reconnaître qu'ils avaient une ame, et qu'il y a des effets qui ne peuvent être produits que par des esprits.

« Plût à Dieu qu'il ne se trouvât plus de personnes de ce caractère! mais on en verra toujours qui vous diront de sang-froid qu'ils ne peuvent croire ni prodiges, ni miracles, parce qu'ils n'ont jamais rien vu d'extraordinaire. Ne disputons pas avec de telles gens. Quand on veut être incrédule, on l'est même parmi les prodiges et les miracles. Les Juifs, qui marchaient pour ainsi dire dans les miracles, puisqu'ils marchèrent durant quarante ans sans user leurs souliers, ne laissaient pas de parler quelquefois aussi insolemment que s'ils n'avaient jamais rien vu de miraculeux. *Dieu*, disaient-ils, *pourra-t-il*

nous faire trouver de la nourriture dans le désert?
Quelques miracles qu'eût fait le fils de Dieu, on
était toujours prêt à venir froidement lui demander un signe, et ceux qui virent la résurrection
de Lazare et la multiplication des cinq pains,
n'en furent pas moins incrédules. Il en est de
même des miracles que faisaient les martyrs en
présence des juges idolâtres. Vous diriez que
ceux-ci croyaient que leurs propres yeux les
trompaient. Un corps déchiré de coups reprend en
un moment son premier état, des statues tombent
en poudre sans qu'on y touche, on marche sur
des charbons ardents sans se brûler, un signe de
croix ôte la force au poison le plus mortel, et une
parole brise les chaînes les plus fortes; qu'en
dira-t-on? Est-ce fourberie? est-ce illusion? est-
ce miracle? est-ce magie? Quelques-uns croient
qu'il y a là quelque chose de divin et se conver-
tissent; plusieurs opinent pour le sortilége.....
Mais il se trouve toujours des gens faits comme
un Celse ou un Lucien, qui traitent tout de fable,
d'illusion, d'imposture. » Ainsi s'exprime le savant Gerson.

Le magnétisme animal ou vital, comme on
voudra l'appeler, phénomène surnaturel qui
semblait dormir depuis la disparution du magicien Mesmer, se réveille et s'agite depuis quel-

ques années. Les esprits sont partagés sur son existence, sa nature et ses effets. Comment, en vérité, pourrait-on s'accorder? Parmi les hommes qui se sont crus appelés à juger, se trouvent des théologiens et des médecins, des hommes de tous les états, des savants et des ignorants, des athées, des déistes, des hommes de religion et de piété.

On comprendra aisément par là combien les opinions sur le magnétisme animal doivent être nombreuses et variées. Aussi, parmi les opinions imprimées ou émises de vive voix, on reconnaît que les uns nient absolument la réalité de tous les phénomènes magnétiques; d'autres, qui sont assurés de leur existence, les attribuent à un fluide qui n'existe pas; d'autres à un sens interne; d'autres à l'imagination; d'autres à des intelligences purement spirituelles, aux *anges* et aux *démons* alternativement; d'autres enfin aux démons exclusivement.

La dernière opinion, qui est la seule vraie, est celle qui a le moins de voix, parce que, comme dit l'apôtre St. Paul, *Dieu accorde à quelques-uns (seulement) le don de discerner les esprits.*

Enfin, pour savoir ce que c'est que le magnétisme animal, il ne faut pas ignorer qu'il existe un art diabolique qu'on appelle *magie*,

20.

lequel produit des effets surprenants et surnaturels.

Voëtius (Disput. 1), auteur protestant, compte
dix preuves de la réalité de la magie : 1° les
témoignages de l'Écriture-Sainte ; 2° l'histoire ;
3° les décrets des Conciles ; 4° le consentement
unanime des Pères de l'Église ; 5° le consentement unanime de tous les théologiens de toutes
les sectes ; 6° les lois des puissances séculières
et les sentiments des jurisconsultes ; 7° l'expérience générale ; 8° le consentement unanime des
peuples de toutes les religions ; 9° le droit canon ;
10° les relations qui viennent de tous les pays
où les voyageurs se portent.

Rejeter des pareilles preuves, ce serait être
entièrement fou.

La magie renferme plusieurs opérations magiques qu'on appelle *maléfices ;* et parmi ces maléfices on trouve le *maléfice-somnifique,* ou sortilège
excitant le sommeil.

« On l'appelle ainsi, dit le savant Delrio,
dans ses *Recherches magiques,* (imprimées il y a
plus de deux cents ans), parce que les magiciens
endorment des personnes par des charmes ou
certaines cérémonies, afin de les ensorceler et
empoisonner plus aisément, ou pour *dérober* quelque chose, ou pour se *souiller* dans les ordures

de la *paillardise* et des *embrassements illicites*. Pierre Binsfeld et Nicolas Remi en rapportent divers exemples. Virgile, entre autres secrets de magie dont il a parsemé ses ouvrages, n'a pas oublié celui-ci. On peut voir dans l'*Enéide*, liv. VI, où il parle de Cumée et de Cerbère. On peut voir aussi sur le même sujet ce que dit Ovide, dans le 7ᵉ livre de ses *Métamorphoses*. Virgile fait seulement mention de l'effet naturel, et Ovide y joint le magique, par le moyen des charmes. »

On trouve dans l'ouvrage de Delrio et de grand nombre d'autres auteurs, que les magiciens dans tous les siècles ont employé divers charmes, gestes ou signes convenus avec les démons, pour endormir d'un *sommeil léthargique* les personnes dont il veulent abuser; ils ont employé des paroles, des cérémonies, des flambeaux enchantés et quelquefois des onguents, ou même des drogues et des boissons qui ont naturellement la vertu d'exciter le sommeil, lorsque les démons ont voulu cacher leur opération.

A ces traits, qui est-ce qui peut méconnaître le magnétisme animal? Le magnétisme animal est-il autre chose que le *maléfice somnifique*, auquel le magicien Mesmer a donné un nom nouveau et l'a enveloppé d'apparences physiques pour le déguiser? En effet, Mesmer employa des baquets,

des chaînes, des baguettes de fer, la musique
instrumentale, pour produire le sommeil diabolique : ses adeptes ont employé une sorte de rose
enchantée; d'autres, des frictions obscènes, des
gestes, des *passes*, et autres simagrées ; d'autres
enfin, le simple regard.

Tous ces moyens sont bons et produisent l'effet
qu'on en attend, lorsque Dieu le permet et que le
démon trouve son intérêt à endormir, à parler
par l'organe de la personne endormie, et à marcher et agir par ses membres. Je le sais par ma
propre expérience et par celle des autres.

Mais on m'objectera que je ne suis pas magicien, que je n'ai fait aucun pacte avec le démon,
non plus que la foule des magnétiseurs. Je répon-
drai à cela, parlant théologiquement, qu'il y a
deux sortes de pactes avec le démon : le premier
est la pacte exprès ou explicite; le second, le pacte
acite ou implicite. C'est en vertu de ce dernier
pacte que la foule des magnétiseurs opèrent, et
que l'on est magicien sans le savoir. Ignorant
que le magnétisme animal est une opération magique, il suffit d'avoir la volonté de produire les
phénomènes magnétiques et de faire les signes,
les gestes, les cérémonies, etc., que les magiciens
emploient, et s'il a permission de Dieu, le démon
ne manque pas d'opérer, si son intérêt s'y trouve.

L'opération du démon, par le maléfice somnifique ou magnétisme animal, consiste à s'emparer
du corps et des organes de la personne ensorcelée
ou magnétisée, de parler par sa bouche et agir
par ses membres, rendant l'ame paralytique, la
privant de l'usage de ses sens, au point qu'on
peut tirer un coup de pistolet à côté de l'oreille
d'une personne ainsi ensorcelée et endormie,
sans que son ame prenne connaissance du bruit
de l'explosion, et qu'on peut faire de son corps
tout ce qu'on veut, le couper même par morceaux, sans qu'elle sente rien et qu'elle éprouve
la moindre douleur.

Le docteur du Bé, dans l'ouvrage que nous
avons déjà cité, traite aussi des *maléfices* et des
causes magiques des maladies.

« Les démons, dit-il, sont la cause de certaines maladies, non-seulement par eux-mêmes,
mais par l'artifice des magiciens, en vertu des
pactes qu'ils font dans leurs assemblées, ou
en particulier, expressément ou tacitement, par
le commerce familier qu'ils ont avec le démon,
ce qui arrive dans certaines maladies, par les
prestiges, par des drogues, par des charmes, et
par des maléfices. Les magiciens se servent de
leurs prestiges pour changer l'objet, le moyen,
qui est l'air, et fasciner les organes. A l'égard des

organes, les magiciens peuvent y faire leurs
prestiges, ou en agiter les esprits et les humeurs,
ou en causant des obstructions dans les nerfs,
ou par des mouvements inusités, ou en lui repré-
sentant les objets tout autres qu'ils ne sont ;
c'est par ces sortes de prestiges que les magiciens, pour faire peur aux hommes, prennent
la figure de loups et d'autres animaux ; et quelquefois, par un dessein contraire, pour gagner
l'estime des hommes, ils leur font voir dans des
miroirs et dans leurs ongles la figure fausse et
supposée des voleurs, des hommes fameux ; et
c'est souvent de cette manière que les magiciens,
par la force de leurs prestiges et par l'art magique, ont coutume de tromper les curieux. »

« Les magiciens ne se servent pas moins de
l'art de deviner, que des prestiges, pour découvrir les choses cachées, les auteurs et les causes
de certaines maladies ; et dans ce dernier cas,
par la pratique et l'usage de certains remèdes
superstitieux, en promettant des merveilles a
ceux qui les consultent, ils entreprennent de
guérir des maladies qui passent pour incurables :
et *ils réus issent quelquefois*, ou par une connaissance secrète de certains remèdes, ou par une
expérience que le démon leur donne, ou en
vertu de leur pacte, ou en ôtant le mal à l'un

pour le donner à un autre, ou en les soulageant malicieusement pour quelque temps, afin de les tromper par une apparence de guérison. »

» Pour ce qui concerne le maléfice, les magiciens s'en servent et causent bien des maladies, en vertu du pacte qu'ils font avec le démon, et à ce pacte ils ont soin d'attacher des instruments divers ou choses différentes, telles que sont certaines paroles, des billets, des attouchements, le souffle, des figures ou caractères, des sceaux ou cachets, certaines images ou portraits, des chiffres ou nombres arithmétiques, des préservatifs, et certains nœuds ou ligatures dont ces malheureux se servent pour faire leurs différents maléfices; car quelquefois le maléfice est donné pour *exciter le sommeil*, employant pour cela certaines vapeurs, ou pour fasciner les sens par diverses représentations ou fantômes, ou pour épouvanter les gens, ou pour les voler avec plus de facilité. Quelquefois le maléfice a la vertu d'empoisonner, et les magiciens s'en servent dans ce but; d'autres fois le maléfice est pour charmer ou enchanter, et les magiciens le font par l'entremise des démons qui insinuent dans les humeurs et dans les esprits certaines qualités malignes, ou en troublant l'imagination; mais le plus souvent le maléfice est fait pour l'amour ou se faire

aimer, et les magiciens et les sorciers le font par
des philtres ou des breuvages enchantés, et par
ce moyen ils excitent dans des personnes des passions excessives ou une véritable fureur érotique.
C'est ainsi que sans contraindre la volonté, ni
blesser la liberté sur laquelle le démon n'a aucun
pouvoir coactif, ni aucune juridiction, il ne laisse
pas d'exciter et d'enflammer tellement les désirs
par de certains remèdes ou substances qui agissent quelquefois naturellement, quelquefois sur-
naturellement : et non-seulement les méchants et
les pécheurs sont exposés à ces sortes de maléfices; mais même les personnes le plus vertueuses,
par un juste jugement de Dieu et les desseins de
sa Providence. »

« Il n'est pas permis de douter du pouvoir des
démons et des magiciens, qui peuvent non-seulement *détruire les biens de la terre, causer une
infinité de maladies, obscurcir la raison et renverser
l'esprit, mais même faire mourir les hommes quand
le Seigneur le leur permet*; car on est obligé de le
croire par l'autorité de l'Écriture-Sainte et des
saints Pères, et par un grand nombre d'exemples, d'histoires et d'expériences. Il ne faut pas
croire cependant que ceux qui emploient le
pouvoir des démons pour nuire à autrui, puissent faire du mal à qui bon leur semble, car le

Seigneur, par sa miséricorde et sa bonté, sait les réprimer et mettre des bornes à leur malice. »

Nous pourrions encore citer d'autres savants médecins qui parlent dans le même sens. Du reste, la médecine, de nos jours si aveugle et si ignorante dans les choses spirituelles, vient cependant de faire un grand pas vers la vérité. Un médecin savant et respectable, M. le docteur Billot, a publié récemment deux volumes sur ce sujet. Ce médecin *a reconnu et constaté, par une suite d'expériences éminemment positives, que les somnambules magnétiques sont dirigés par des intelligences spirituelles, tout-à-fait distinctes de l'homme, qui agissent sur eux d'une manière tantôt occulte, tantôt patente.* (*Recherches psycologiques,* etc., tom. 1er.)

La seule erreur du docteur Billot est de croire que les intelligences spirituelles qui agissent sur les somnambules sont de bons anges, tandis que ce sont au contraire les mauvais anges, les démons, en un mot.

Mais le docteur Billot est de bonne foi, et voici la preuve de sa sincérité :

« Jusqu'à présent, dit-il, j'ai cru et je crois
« que les guides ordinaires des somnambules
« sont de bons anges; mais si mes opinions ve-
« naient à être comdamnées par ceux qui en ont

21

« le droit, je me soumettrais sur le champ ;
« car avant tout, ajoute-t-il, je veux sauver
« mon ame, et je ne voudrais pas la perdre pour
« avoir la consolation éphémère de guérir et de
« conserver des corps mortels. » (*Ibidem.*)

Le magnétisme animal ou vital, comme on voudra l'appeler, n'étant autre, comme nous l'avons dit, que l'opération magique connue depuis des siècles sous le nom de *maléfice somnifique*, et le résultat de l'opération une véritable *possession cataleptique* et manifeste du démon, se trouve tout condamné depuis des siècles, et n'a pas besoin de nouvelles condamnations. Aussi l'un des grands vicaires de Nîmes ayant écrit dernièrement à Rome pour consulter sur ce sujet, on lui a répondu avec justesse de consulter les auteurs. En effet, ce grand vicaire n'avait qu'à ouvrir son *Rituel*, et il aurait vu, dans les instructions qui précèdent les exorcismes, que les somnambules magnétiques présentent les signes les plus positifs de la possession manifeste du démon, savoir, *qu'ils parlent et comprennent des langues qu'ils n'ont point apprises ; qu'ils débitent des discours très éloquents sur des sujets au-dessus de la portée de leur intelligence et de leur éducation ; qu'ils découvrent des choses cachées et secrètes, même à de grandes distances ; qu'ils savent la médecine sans*

l'avoir apprise; qu'ils indiquent des remèdes phar-
maceutiques composés, et avec les termes techniques,
et prédisent des guérisons à jour et heures fixes; il
aurait vu, ce grand vicaire, *que le démon endort*
quelquefois les possédés au milieu de l'exorcisme, et
qu'il ne faut pas l'écouter lorsqu'il dit, par la bouche
de la personne possédée, qu'il est l'ame de quelque
saint ou de quelque défunt, ou un bon ange.

Il n'est pas étonnant que le démon ait fait
accroire à M. le docteur Billot qu'il est l'ange
gardien des personnes qu'il magnétise, et à Jean-
nette Demouze qu'il est sainte Philomène, lorsqu'il apparaît en vision, puisque des ecclésiastiques, se laissent induire en erreur par leur
faute, pour n'avoir pas étudié la matière. Pendant que j'abitais la capitale, on y permettait de
magnétiser à tous ceux qui consultaient, et ce
ne fut que sur les observations que je fis faire
par M. l'abbé Gallard, alors grand-vicaire et
mon ami, qu'on défendit la pratique de cette
opération diabolique. Ce fut à la même époque
que je publiai, dans l'*Apostolique* et le *Propaga-*
teur de la vérité, le résultat de mes recherches sur
la nature et la cause du magnétisme animal, et
que je fournis à M. Machet de la Marne, les notes
qu'il publia dans l'*Éclair*, lesquelles excitèrent
tant de clameurs de la part des magnétiseurs.

Pourquoi le démon a-t-il refusé d'opérer toutes
les fois que l'Académie de Médecine a nommé
des commissaires pour examiner et constater les
phénomènes magnétiques? C'est qu'il n'a pas
jugé qu'il fût dans son intérêt de voir ces phénomènes constatés , parce qu'une fois constatés, on
en aurait recherché plus diligemment la véritable cause ; parce qu'il prévoyait bien qu'on aurait
fini par trouver là-dessous un esprit de ténèbres,
un démon caché pour tromper les hommes et
faire des dupes; parce qu'il a pensé qu'il était
mieux dans ses intérêts d'entretenir les médecins
athées ou libertins dans leurs systèmes absurdes
de matérialisme, que de s'exposer à les voir
devenir bons chrétiens, en se manifestant à leurs
yeux par des opérations surnaturelles.

On sait que les commissaires de l'Académie
déclarèrent dans leurs rapports que les médecins
magnétiseurs avaient été *illusionnés*, et ils ne
comprirent pas qu'eux-mêmes , et l'Académie,
et les médecins magnétiseurs, étaient tous également dupes de leur ignorance et des ruses du
malin esprit.

Sans doute que le Tout-Puissant, dans sa
miséricorde, a forcé les démons à se manifester
dans les expériences éminemment positives du
docteur Billot, et l'on peut assurer que l'ouvrage

de ce savant et pieux médecin, sauf son erreur, commune à beaucoup d'autres, de prendre des démons pour des anges gardiens, sera très-utile aux médecins, aux exorcistes et à toutes les personnes qui voudront connaître l'immense pouvoir que les mauvais anges possèdent, avec permission de Dieu, dans tout l'univers et sur toutes les créatures.

Et comment les bons anges se mettraient-ils en relation sensible et immédiate avec des magnétiseurs, des médecins, des charlatans, des jongleurs, des athées, des hérétiques, des libertins et des fous, au moyen de quelques signes ridicules, de quelques *passes*, ou autres *simagrées*, tandis que les évêques, par leurs prières, n'obtiennent pas la même faveur, excepté qu'à des prières ferventes ils ne joignent une longue pratique des vertus héroïques, du jeûne et des grandes austérités dont les saints évêques thaumaturges ont donné l'exemple ?

Si le Seigneur me conserve force et vie, je publierai sous peu de temps un ouvrage plus étendu sur cette matière. Et qu'on ne croie pas que je juge sans connaissance de cause. Non-seulement j'ai étudié la matière, mais j'ai aussi magnétisé dans ma jeunesse, lorsque j'étais étudiant en médecine, et j'ai produit, j'ai vu, j'ai examiné

les phénomènes magnétiques. Je vivais alors
dans les ténèbres du philosophisme, et j'avoue
que la considération de ces phénomènes surnaturels, dont je découvris plus tard la véritable
cause, n'a pas peu servi à me retirer de l'abîme
et à me faire recouvrer la foi catholique que
j'avais perdue au sortir de l'enfance. Je demande
instamment au Dieu des miséricordes, et par
l'intercession de sa Sainte-Mère, qu'il veuille
bien me la conserver, cette foi divine, et aussi
que mon retour à la religion sainte, qui date
déjà de vingt-cinq ans, serve d'exemple salutaire à tous mes anciens amis, et à tous ceux qui,
comme moi, dans leur jeunesse, ont perdu la
foi par la lecture des mauvais livres et les péchés
et les impiétés qui en sont le résultat inévitable.

Du Magnétisme

ANIMAL.

—

On a adressé de Fribourg, à *l'Ami de la Religion*, un exposé du magnétisme, suivi de quatre questions, proposées en même-temps à la Sacré-Pénitencerie, et la réponse qu'elle y a faite. Cet exposé, plus circonstancié que ceux que l'on a publiés jusqu'ici, ne peut que servir à éclairer les esprits. Nous en publierons seulement la traduction :

« Eminentissime Seigneur,

» Vu l'insuffisance des réponses données jusqu'à ce jour sur le *Magnétisme animal*, et comme il est grandement à désirer que l'on puisse décider plus sûrement et plus uniformément les cas qui se présentent assez souvent, le soussigné expose ce qui suit à votre éminence.

» Une personne magnétisée, laquelle est ordinairement du sexe féminin, entre dans un tel état de sommeil et d'assoupissement, appelé *somnambulisme magnétique*, que ni le plus grand bruit fait à ses oreilles, ni la violence du fer ou du feu, ne sauraient l'en tirer. Le magnétiseur seul, qui a obtenu son consentement (car le consentement est nécessaire), la fait tomber dans cette espèce d'extase, soit par des attouchements et des gesticulations en divers sens, s'il est auprès d'elle, soit par un simple commandement intérieur, s'il en est éloigné, même de plusieurs lieues.

» Alors, interrogée de vive voix ou mentalement sur sa maladie et sur celles des personnes absentes, qui sont absolument inconnues, cette magnétisée, notoirement ignorante, se trouve, à l'instant, douée d'une science bien supérieure à celle des médecins : elle donne des descriptions anatomiques d'une parfaite exactitude; elle indique le siége, la cause, la nature des maladies internes du corps humain, les plus difficiles à connaître et à caractériser; elle en détaille les progrès, les variations et les complications, le tout dans des termes propres; souvent elle en prédit la durée précise, et en prescrit les remèdes les plus simples et les plus efficaces.

» Si la personne pour laquelle on consulte la magnétisée est présente, le magnétiseur la met en rapport avec celle-ci par le contact. Est-elle absente, une boucle de ses cheveux la remplace, et suffit. Aussitôt que cette boucle de cheveux est

seulement approchée contre la main de la magnétisée, celle-ci dit ce que c'est, sans y regarder,
de qui sont ces cheveux, où est actuellement la
personne de qui ils viennent, ce qu'elle fait ; et,
sur sa maladie, elle donne tous les renseignements
énoncés ci-dessus, et cela avec autant d'exactitude que si elle faisait l'autopsie du corps.

» Enfin, la magnétisée ne voit pas par les yeux.
On peut les lui bander, et elle lira quoi que ce
soit, même sans savoir lire, un livre ou un ma-
nuscrit qu'on aura placé, ouvert ou fermé, soit
sur sa tête, soit sur son ventre. C'est aussi de
cette région que semblent sortir ses paroles. Tirée
de cet état, soit par un commandement même
intérieur du magnétiseur, soit comme spontanément à l'instant annoncé par elle, elle paraît
complétement ignorer tout ce qui lui est arrivé
pendant l'accès, quelque long qu'il ait été : ce
qu'on lui a demandé, ce qu'elle a répondu, ce
qu'elle a souffert, rien de tout cela n'a laissé
aucune idée dans son intelligence, ni dans sa
mémoire la moindre trace.

» C'est pourquoi l'exposant, voyant de si fortes
raisons de douter que de tels effets, produits par
une cause occasionnelle manifestement si peu pro-
portionnée, soient purement naturels, supplie
très instamment V. E. de vouloir bien, dans sa

sagesse, décider, pour la plus grande gloire de
Dieu, et pour le plus grand avantage des ames
si chèrement rachetées par N. S. J.-C., si, supposé la vérité des faits énoncés, un confesseur ou
un curé peut, sans danger, permettre à ses pénitents ou à ses paroissiens :

» 1° D'exercer le magnétisme animal ainsi
caractérisé, comme s'il était un art auxiliaire et
supplémentaire de la médecine;

» 2° De consentir à être plongés dans cet état
de somnambulisme magnétique;

» 3° De consulter, soit pour eux-mêmes, soit
pour d'autres, les personnes ainsi magnétisées;

» 4° De faire l'une de ces trois choses, avec la
précaution préalable de renoncer formellement
dans leur cœur à tout pacte diabolique, explicite
ou implicite, et même à toute intervention satani-
que, vu que, nonobstant cela, quelques personnes ont obtenu du magnétisme ou les mêmes
effets, ou du moins quelques-uns.

  » Eminentissime Seigneur, de V. E., par
  ordre du révérendissime évêque de Lau-
  sanne et Genève, le très-humble et très-
  obéissant serviteur, Jac. Xavier Fonta-
  na, chancelier de la chancellerie épis-
  copale.

» Fribourg en Suisse, palais épiscopal, le 19
mai 1841. »

Réponse.

Sacra Pœnitentiaria mature perpensis expositis respondendum censet prout respondet : *Usum magnetismi, prout in casu exponitur, non licere* (1).

Datum Romæ in S. Pœnitentiaria die 1 julii 1841.

C. cardinal CASTRACANE, M. P.

Ph. POMELA, S. P. secretarius.

(*Extrait du Journal des Curés, du 14 août 1841.*)

---

(1) « Après avoir mûrement examiné les faits exposés, la Sacré-Pénitencerie est d'avis qu'il faut répondre que l'usage du magnétisme, tel qu'il est exposé dans ce cas, n'est pas permis. »

FIN.

Table.

—

Aux lecteurs . . . . page   3
Analyse du Traité des purs Esprits   6
Analyse de l'examen du magnétisme animal, de
    M. l'abbé Frère 11
Notice sur la vie du P. Gassner et sur ses guéri-
    sons 19
Histoire de la guérison miraculeuse d'Émilie B. . 23
Notice biographique sur de Haen 35
Notice biographique sur le P. Gassner, par l'abbé
    Feller 37
De la puissance du Démon dans les corps de la
    nature, par Frédéric Hoffman. 44
Opinions des Philosophes payens, sur les bons et
    les mauvais Anges. 71
1er article sur le Magnétisme animal, par le P.
    H. Tissot 84
Relation de M. B. F. 91
Relation du docteur Macartan 92
Autre article du P. H. Tissot. 95
Extrait du Propagateur de la vérité 99
Magnétisme ancien 104
Analyse de l'ouvrage du docteur Billot 107
Lettre Pastorale de Mgr. l'Archevêque d'Avignon. 127
Décision de Rome sur le Magnétisme. 139
Extrait du Mercure de Genève 141
Extrait du journal de Paris (1784). 142
Superstitions et prestiges des Philosophes, par
    l'abbé Wurtz . . . . , ... 145
Le Magnétisme animal dévoilé. 230
Du Magnétisme animal suivi de sa condamnation. 247

FIN DE LA TABLE.

www.ingramcontent.com/pod-product-compliance
Lightning Source LLC
Chambersburg PA
CBHW060342200326
41519CB00011BA/2008